趣‧手藝 41

Q萌玩偶出沒，請注意！
輕鬆手作112隻療癒系の可愛小
動物
BOUTIQUE-SHA◎授權
定價280元

趣‧手藝 42

120款美麗剪紙
【完整教學圖解】
摺×疊×剪×刻4步驟完成120
款美麗剪紙
BOUTIQUE-SHA◎授權
定價280元

趣‧手藝 43

9.造橡皮章圖案集
9.造人氣作家可愛橡皮圖大集合
每天都想使用的萬用橡皮章圖
案集
BOUTIQUE-SHA◎授權
定價280元

趣‧手藝 44

羊毛氈不織布手作!
DOGS & CATS‧可愛の掌心
貓狗動物偶
須佐沙知子◎監修
定價300元

趣‧手藝 45

UV膠&環氧樹脂飾品教科書
初學者的第一本UV膠飾品資料夾
熊崎堅一◎監修
定價350元

趣‧手藝 46

輕鬆製作の微型樹脂土
美食76+
ちょび子◎著
定價320元

趣‧手藝 47

翻花繩大全集
AYATORI
野口廣◎監修
主婦之友社◎授權
定價399元

趣‧手藝 48

牛奶盒作的1款美布盒設計60選
BOUTIQUE-SHA◎授權
定價280元

趣‧手藝 50

CANDY COLOR TICKET
超可愛的糖果系透明樹脂
土甜點飾品
CANDY COLOR TICKET◎著
定價320元

趣‧手藝 49

歡迎光臨黏土MARUGO彩色
多肉植物日記‧自然‧森林‧雜
貨風格の綠色多肉植物
ZAKKA 27
丸子(MARUGO)◎著
定價350元

趣‧手藝 51

玫瑰窗對稱剪紙
Rose window美麗&透光‧玫瑰
窗對稱剪紙
平田朝子◎著
定價280元

趣‧手藝 52
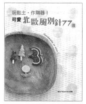
玩黏土‧作胸針! 可愛北歐風別針77選
BOUTIQUE-SHA◎授權
定價280元

趣‧手藝 53

New Open‧開心工房!開一間屬
於我的不織布甜點屋
堀內さゆり◎著
定價280元

趣‧手藝 54

可愛の立體剪紙花飾
Paper‧Flower‧Gift‧小清新
生活美學‧可愛の立體剪紙花
飾四季帖
くまだまり◎著
定價280元

趣‧手藝 55

剪開信封輕製作紙雜貨
宇田川一美◎著
定價280元

趣‧手藝 56

不織布動物遊樂園
陳春金‧KIM◎著
定價320元

趣‧手藝 57

不織布の幸福料理日誌
BOUTIQUE-SHA◎授權
定價280元

趣‧手藝 58

花‧葉‧果實の立體刺繡書
アトリエ Fil◎著
定價280元

趣‧手藝 59

袖珍食物&微型店舖230選
大野幸子◎著
定價350元

趣‧手藝 60

不織布點心
寺西恵里子◎著
定價280元

趣‧手藝 61

木器彩繪練習本
BOUTIQUE-SHA◎授權
定價350元

趣‧手藝 62

不織布Q手作‧超萌瘋狗狗總動員
陳春金‧KIM◎著
定價350元

趣‧手藝 63

熱片飾品創作集
NanaAkua◎著
定價350元

趣‧手藝 64

開心玩黏土MARUGO彩色多肉植物日記2
丸子(MARUGO)◎著
定價350元

趣‧手藝 65

一學就會の立體浮雕刺繡
アトリエ Fil◎著
定價320元

趣‧手藝 66

陶土胸針&造型小物
BOUTIQUE-SHA◎授權
定價280元

趣‧手藝 67

從可愛小圖開始學縫十字繡
大圖まことの◎著
定價280元

趣‧手藝 68

UV膠飾品 Best 37
張家慧◎著
定價320元

趣・手藝 69

清新・自然～刺繡人最愛的花
草棉樣手繡帖
點與線模樣製作所 岡地恵子◎著
定價320元

趣・手藝 70

好想抱一下的軟QQ襪子娃娃
陳春金・KIM◎著
定價350元

趣・手藝 71

袖珍屋的料理廚房：黏土作的
迷你人氣甜點&美食best82
ちょび子◎著
定價320元

趣・手藝 72

可愛北歐風の小巾刺繡：47個
簡單好作的日常小物
BOUTIUQE-SHA◎授權
定價280元

趣・手藝 73

不能吃の～袖珍模型麵包雜
貨：閩得到麵包香喔！不玩黏
土，撮麵糰！
ぱんころもち・カリーノぱん◎合著
定價280元

趣・手藝 74
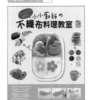
小小廚師の不織布料理教室
BOUTIQUE-SHA◎授權
定價300元

趣・手藝 75

親手作寶貝的好可愛圍兜兜
基本款・外出款・時尚款・趣
味款・功能款・穿搭變化一極
棒！
BOUTIQUE-SHA◎授權
定價320元

趣・手藝 76

手縫俏皮の
不織布動物造型小物
やまもと ゆかり◎著
定價280元

趣・手藝 77

超可愛的迷你size！
袖珍甜點黏土手作課
関口真優◎著
定價350元

趣・手藝 78

華麗的盛放！
超大朵紙花設計集
空間＆櫥窗陳列・婚禮＆派對
布置・特色攝影必備！
MEGU (PETAL Design)◎著
定價380元

趣・手藝 79

收到會微笑！
讓人超暖心の手工立體卡片
鈴木孝美◎著
定價320元

趣・手藝 80

手捏胖嘟嘟×圓滾滾の
黏土小鳥
ヨシオミドリ◎著
定價350元

趣・手藝 81

無限可愛の
UV膠&熱縮片飾品120選
キムラプレミアム◎著
定價320元

趣・手藝 82

絕對簡單の
UV膠飾品100選
キムラプレミアム◎著
定價320元

趣・手藝 83

寶貝最愛的
可愛造型趣味摺紙書：
動動手指動動腦×
一邊摺一邊玩
いしばし なおこ◎著
定價280元

趣・手藝 84

超精選！有131隻喔！
簡單手縫可愛的
不織布動物玩偶
BOUTIQUE-SHA◎授權
定價300元

趣・手藝 85

靈活指尖＆想像力！
百變立體造型的
三角摺紙趣味手作
岡田郁子◎著
定價300元

趣・手藝 86

喵萌！
玩偶の不織布手作遊戲
BOUTIQUE-SHA◎授權
定價300元

趣・手藝 87

超可愛手作課！
輕鬆手縫84個不織布造型偶
たちばなみよこ◎著
定價320元

趣・手藝 88

集合囉！
超可愛的黏土動物同樂會
幸福豆手創館 (胡瑞娟 Regin)◎著
定價350元

趣・手藝 89

超可愛！
換裝娃娃×動物摺紙58變
いしばし なおこ◎著
定價300元

趣・手藝 90

捲簡紙芯變花樣
剪一剪＆捲一捲，
紙捲花開了！
阪本あやこ◎著
定價300元

趣・手藝 91

可愛感大狂飆！
超簡單！動物系黏土迴力車
幸福豆手創館 (胡瑞娟 Regin)◎著權
定價320元

趣・手藝 92

Petty's手作族人誌：
超可愛網美風黏土娃娃
蔡青芬◎著
定價350元

趣・手藝 93

手繪植物風橡皮章應用圖帖
HUTTE.◎著
定價350元

趣・手藝 94

清新可愛小刺繡圖案300+：
一起來繡花朵・小動物・日常
雜貨吧！
BOUTIQUE-SHA◎授權
定價320元

趣・手藝 95

甜在心，剛剛好×精緻可愛！
MARUGO教你作職人の
手捏黏土和菓子
丸子 (MARUGO)◎著
定價350元

趣・手藝 96

有119隻喔！童話Q版の可愛
動物不織布玩偶
BOUTIQUE-SHA◎授權
定價300元

趣・手藝 97

大人的優雅捲紙花：輕鬆上
手！基本技法&配色要點一次
學會！
なかたにもとこ◎著
定價350元

趣・手藝 98

色彩×幾何大挑戰！立體の組
合式摺紙彩球設計24例
BOUTIQUE-SHA◎授權
定價350元

趣・手藝 99

英倫風手繪感可愛刺繡500選
E & G Creates◎授權
定價380元

超可愛 娃娃布偶&木頭偶

美式鄉村風×
漫畫繪本人物×童話幻想

紙型&作法
都很詳細喔！

今井のり子、鈴木治子、斉藤千里

田畑聖子、坪井いづよ◎合著

· CONTENTS ·

CHASING A DREAM

童話國度的5位創作家，
為了娃娃賭上夢想！

後排左起

坪井いづよ　　　　斉藤千里　　　　今井のり子
（Sayadoll）　（ドール＆ビクトリアンPOEM）　（Chère amie）

田畑聖子　　　　鈴木治子
（CRANBERRY）　　（haru dolls）

·4·

2015.10
第1回「童話國度娃娃展」

以「童話國度娃娃展」為主題的作品展盛況空前！第一次舉辦的展期中，收到了許多「期待這個展覽很久了」的迴響，令我們驚喜發現原來有這麼多人喜歡娃娃偶。本作品展是以展示娃娃作家的手作娃娃為主，但包含看板文字在內，就連擺放娃娃的架子及盒子，都是創作家們一起手工製作的，充分挑戰了全手工精神。

在鄉村風娃娃熱潮過後18年的現今，人們對娃娃的熱情似乎又有回溫跡象。

因為Raggedy Ann & Andy娃娃的超高人氣，點燃了手作娃娃的風潮，

之後陸續發展出自然系、浪漫系、可愛系等各種風格的設計。

本書的5位創作家，也因為製作出獨特魅力的原創娃娃而大受歡迎。

雖然風格各有不同，但對娃娃的愛及熱情卻同樣深厚。

2015年夏天，「集結娃娃作家們共同舉辦娃娃展」的企劃啟動。

一路支持著「鄉村風娃娃熱潮」的伙伴們，雖已15年不見，

但三個月後舉辦的「童話國度娃娃展」，卻空前的成功。

接著於2016年舉辦的「童話國度娃娃展2」，更是超越前次的盛況。

此後以第二次展覽為契機，更是收獲了美好的成果——實現了大家的出書夢想。

第3回「童話國度娃娃展」，即是以書籍出版紀念為主題的作品展。

對五位娃娃作家而言，製作娃娃不僅是人生的目標，也已是生活的一部分。

2016.10
第2回「童話國度娃娃展」

第2回「童話國度娃娃展」的主題是「閣樓裡的房客」。以嬰兒床及古董織品為主視覺，成為了熱門的拍照景點。以迷你娃娃＆娃娃胸針為主的展示販售品十分熱賣，體驗區也座無虛席，充分感受到了大家對娃娃偶的強烈喜愛。

Part 1

5位創作家獻上の
童話國度娃娃偶

CHISATO SAITO

01

夢中的鄉村女孩們

重現美好舊時代的鄉村女孩印象。
身體使用與連身裙相同的布料製作，
因此身體線條相當清爽。
繫上花刺繡圍裙，展現可愛的活力；
或以純白洋裝＋蕾絲，打扮出時髦感吧！

HOW TO MAKE ≫ P.66
PATTERN ≫ P.99

珍

A

斉藤千里
（ドール＆ピクトリアン
POEM）

永遠不變的浪漫情懷

以羅曼蒂克的娃娃偶為風格特色。

無論任何時代，女孩都憧憬著美麗的事物。

將這樣的少女心化為實體，以講究的手法製作出既纖細又浪漫，

且具有獨特感的原創娃娃。

愛莉

參考作品

B

愛麗絲

艾芭

02

精心打扮的迷你淑女

穿上蓬蓬裙的連身洋裝，加上蕾絲＆蝴蝶結，
精心裝扮的迷你淑女們登場！
以刺繡描繪的表情格外清純。
身體＆腳一體式的設計，製作相當容易。
HOW TO MAKE » P.68
PATTERN » P.99

麗拉

黛西

普麗普麗

喬喬

03

04

鈴木治子
（haru dolls）

最愛鄉村風

以洋溢著懷舊感的鄉村風娃娃為主題，
加入些許現代風格的設計。
「樸素・沉靜・可愛」是娃娃偶的三個基本要素，
但稍微加入一點玩心也是很重要的呢！

03

紅白格紋的元氣娃娃

統一連身裙、帽子、花飾的花色，
以紅白格紋為服裝主題。
臉部具備了鄉村風娃娃的特色，
三角鼻子＆圓滾滾的眼睛魅力十足！

HOW TO MAKE ≫ P.70
PATTERN ≫ P.99-100

04

民族風服飾的迷你娃娃

在村莊祭典裡穿著民族風服飾的女孩。
連身裙、帽子、圍裙，
都是在素色亞麻布上刺繡出花樣，
成套的穿著既可愛，又有獨特的整體感。

HOW TO MAKE ≫ P.71
PATTERN ≫ P.99-100

05

粉紅色的阿米許女孩

一改以黑白服裝為主的阿米許教派風格，
變身為華麗的粉紅色LOOK！
連同帽子也繡上粉紅色小花，
打扮出惹人憐愛的女孩氣息。

HOW TO MAKE » P.72
PATTERN » P.101-102

艾胥黎

06

最愛藍色的時髦女子

最愛打扮＆最喜歡藍色的迷你娃娃。
拼布裙、刺繡領，
加上YOYO小花的圓帽，
請仔細欣賞格外講究細節的設計。

HOW TO MAKE ≫ P.73
PATTERN ≫ P.101-102

貝琪

田畑聖子
（CRANBERRY）

最愛Raggedy Ann娃娃的風格魅力

基本原型是參考美國娃娃的代表——Raggedy Ann。

「只要擺放在身邊，就不自禁地覺得好幸福，

一看到她就忍不住微笑。」

我的信念就是製作出這樣療癒人心的娃娃偶。

露西

07

可愛雙辮子的盛裝女孩

圓圓的臉蛋加上小小的眼睛，
搭配毛線編織成的雙辮子，
就是她最有魅力的亮點。
穿上花朵連身裙、抽褶帽兜＆不織布鞋子，
打扮得漂漂亮亮吧！

HOW TO MAKE » P.74
PATTERN » P.103

布朗

琪琪

08

以相同紙型製作的好朋友娃娃

將左頁的娃娃紙型縮小至57%，作出好朋友對娃。
以鬆開的毛線製作男孩的頭髮，
女孩則將頭髮分兩邊盤好後戴上帽子。
兩人的衣服以相同的印花布製作，
擺放在一起時特別可愛。

HOW TO MAKE » P.75
PATTERN » P.104

彼得

A

09

同款帽子的成對娃娃

以不織布簡單製作的帽子是造型重點。
一張紙型就能作出完整身體，
省去了縫製手腳的細節步驟。
尺寸小巧，最適合當作掛飾了！

HOW TO MAKE ≫ P.76
PATTERN ≫ P.104

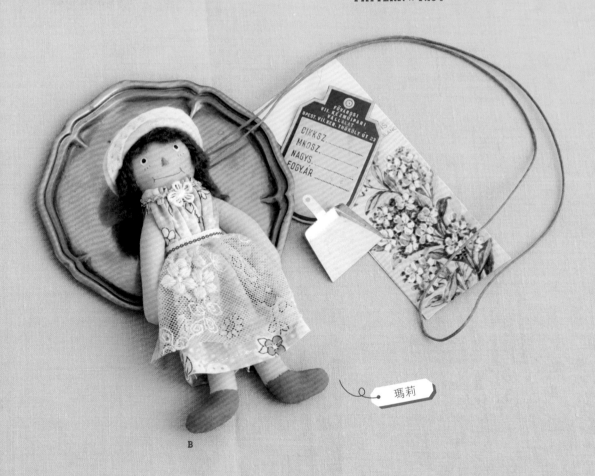

Handmade by **SEIKO TABATA**

瑪莉

B

貝蒂

卡拉

A

B

10

聰明伶俐的迷你娃娃三姊妹

若想強調三姊妹不同的個性，
可在洋裝或髮型上作變化。
彩繪眼睛、鈕釦眼睛、不織布眼睛，
以各種手法製作的眼睛也是欣賞重點唷！

HOW TO MAKE ≫ P.78
PATTERN ≫ P.105

今井のり子
（Chère amie）

主題是充滿笑容的小小女孩

「人見人愛、令人不由自主微笑的可愛小小女孩」
就是我的手作娃娃主題。
將臉部作得稍大一點＆多花一點心思進行設計，
就能表現出小孩專屬的可愛及聰慧感。

C

阿鈴

11

小精靈胸針

將右頁娃娃的紙型縮小50%，
製作而成的精靈娃娃胸針。
身體＆頭部一體成型，
洋裝也只需一片布就能輕鬆完成，
製作起來非常簡單。

HOW TO MAKE ≫ P.80
PATTERN ≫ P.105

12

大精靈迷你娃娃

以鈕釦將手接縫在身體上，
可以自由活動擺出動作。
洋裝裡布的印花布料是時髦品味的點綴。
戴上尖尖的帽子，感覺就像真正的精靈呢！

HOW TO MAKE » P.81
PATTERN » P.105

蕾拉

Handmade by NORIKO IMAI

坪井いづよ
（Sayadoll）

木製的人物偶

擅長設計如從繪本中走出來的人物，並製作成充滿個性又幽默的木頭偶。

製作兩個相同設計的娃娃，

一個穿上布製的洋裝，一個以顏料彩繪衣服，

結合布料元素就能呈現出新鮮的混搭樂趣。

絲姬

A

13

結合布料＆彩繪上色的木頭娃娃

雙胞胎般的木頭偶，
一個穿上布洋裝，一個以顏料彩繪衣服。
布洋裝女孩穿著棉質的格紋連身裙。
彩繪女孩則拿著手製的花籃。

HOW TO MAKE ≫ P.82-83
PATTERN ≫ P.106

朵麗

B

A 歌妮

B 莎莉

C 琪伊絲

14 準備外出的女士

依紙型裁切出形體後，以顏料畫出頭髮、帽子、臉、洋裝、手腳後即完成。
臉部請以代針筆仔細描繪喔！

HOW TO MAKE ≫ P.84
PATTERN ≫ P.106

朵露蒂

塔莎

阿爾貝魯達

A

B

C

Handmade by IZUYO TSUBOI

15 彩繪森林裡的居民

也可以以顏料彩繪出與木頭偶相同系列風格的布偶。
縫製出形體之後，再以顏料彩繪上色吧！

HOW TO MAKE ≫ P.85
PATTERN ≫ P.107

Part 2

令人心情雀躍的
娃娃胸針
（別在衣服・包包・帽子上）

16

時髦女孩三人組
〈娃娃胸針〉

以「個性、玩心、似曾相識感」為設計重點，
將三名現代都會女孩的上半身人像
作成胸針作品。

HOW TO MAKE » P.86
PATTERN » P.107

Handmade by HARUKO SUZUKI（P.26〜P.27）

17

盛裝外出的女孩
〈包包墜飾〉

最愛時尚的女孩們受邀參加派對，
搭配著洋裝、帽子、首飾，
打扮漂亮出門了！
三個一起別在包包上
也很可愛吸睛唷！

HOW TO MAKE ≫ P.87
PATTERN ≫ P.108

A

18

五彩繽紛的
水果帽娃娃

香蕉、橘子、桃子、哈密瓜、草莓造型的
不織布帽子是眾人聚焦的亮點。
眼睛的顏色、位置、表情都可自由發揮。
而且服裝只須15㎝×15㎝的碎布就能製作。

HOW TO MAKE ≫ P.88
PATTERN ≫ P.109

A

B

C

D

E

Handmade by SEIKO TABATA（P.28～P.29）

19

掌心大小的成對胸針

如法式布盒Cartonnage的主要作法般，
以黏膠貼上喜歡的布片，
就能完成小巧的娃娃胸針。
由於縫製的步驟較少，
初學者也能輕鬆完成。

HOW TO MAKE ≫ P.89
PATTERN ≫ P.108-109

將成對胸針改造成貓咪娃娃。
除了加上耳朵＆鬍鬚，
臉部的繪製方式也不同。

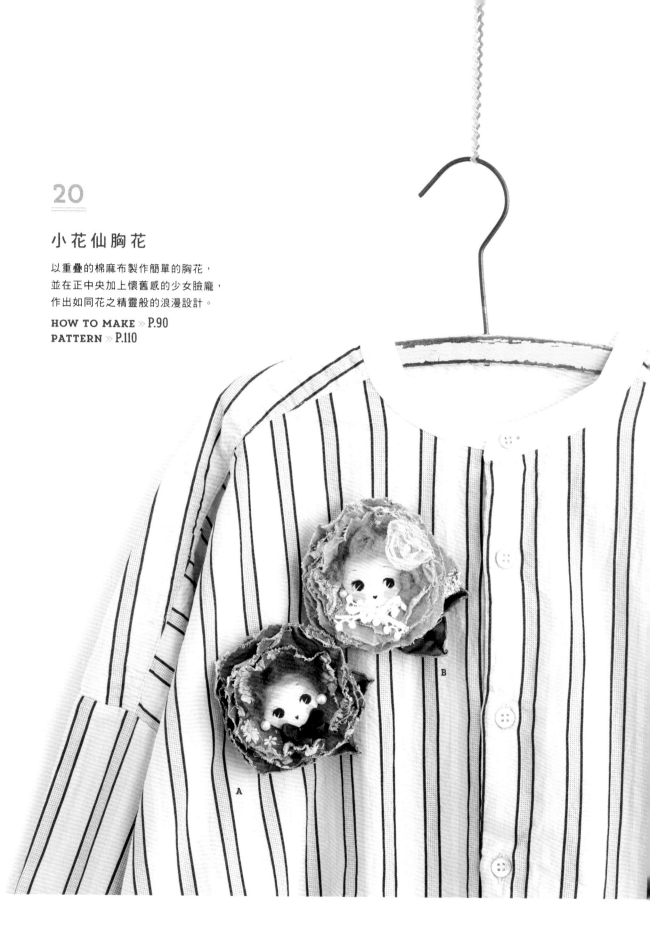

20

小花仙胸花

以重疊的棉麻布製作簡單的胸花，
並在正中央加上懷舊感的少女臉龐，
作出如同花之精靈般的浪漫設計。

HOW TO MAKE » P.90
PATTERN » P.110

21

新生兒寶寶吊飾

以蕾絲包巾溫柔包裹，
只露出圓嘟嘟臉蛋的小寶寶吊飾。
特別挑選了觸感柔和，
又有可愛印花的雙層紗布製作而成。

HOW TO MAKE ≫ P.91

Handmade by CHISATO SAITO（P.30～P.31）

22

繪本風人物的
木製胸針

取白色木頭的邊角料裁切出娃娃的形體，
再以顏料彩繪上色，作成胸針。
全身、上半身、臉部都可自由調整形狀。
多作幾個不同的造型，
別在衣服、帽子及包包上吧！

HOW TO MAKE » **P.92**
PATTERN » **P.110**

A

C

B

Handmade by IZUYO TSUBOI（P.32〜P.33）

只有上半身的小小木頭胸針，
特別適合別在帽子上。搭配手
邊的帽子顏色多作幾個，需要
時就可以自由挑選裝飾。

23

雙胞胎天使
裝飾品

作出兩個左右對稱的天使，
中間夾著一顆愛心，
再以鐵絲串接就完成了！
以繩子掛起，
就是別具風格的裝飾單品。

HOW TO MAKE ≫ P.93
PATTERN ≫ P.110

24

時髦三姊妹包包墜飾

身體運用了簡單的拼布技巧，
裙子則以緞帶作出波浪打褶的效果。
因為省略了手腳，作法特別簡單。
只要改變髮型及項鍊，就能展現出不同的個性。

HOW TO MAKE ≫ P.94
PATTERN ≫ P.111

25

超迷你娃娃的
可愛胸針

特色是大大圓圓的眼睛＆三角形的鼻子，
鄉村風娃娃變身胸針！
裙子＆袖子分開接縫的設計，使作法更加簡單。
活用刺繡織帶或蕾絲緞帶，輕鬆就能作出可愛感。

HOW TO MAKE ≫ P.95
PATTERN ≫ P.111

Handmade by NORIKO IMAI（P.34～P.35）

26

女僕造型胸針 & 墜飾

以維多利亞時代的女僕為主要形象。
連身裙、圍裙、帽子……
以經典的優雅感盡可能地完美重現當時的服裝。
尺寸作得稍大一些，存在感也會更強。

HOW TO MAKE » P.96-97
PATTERN » P.111

Handmade by HARUKO SUZUKI (P.36〜P.37)

Part 3

以同款紙型製作⋯

（加入個人風格設計的變化創作）

即便統一使用全長約20cm的迷你娃娃紙型，
5位娃娃作家依然創作出了自己的原創風格。
以相同紙型作出身體＆手腳，
再分別穿上衣服、畫上五官、整理好髮型⋯⋯
各有特色的五款迷你娃娃誕生了！

紙型參見
P.52

27

克萊兒

Handmade by NORIKO IMAI

莉莉

28

Handmade by SEIKO TABATA

29

30

安涅特

槲拉

Handmade by HARUKO SUZUKI

温蒂

31

Handmade by IZUYO TSUBOI

Handmade by CHISATO SAITO

27

以同款紙型製作的基本款娃娃
克萊兒

Part3收錄的五款迷你娃娃
都是以克萊兒的紙型為基礎,再進行變化製作。
克萊兒是以裙子上的氣球花紋為風格主調,
袖子、裙子、髮型……整體統一作出圓圓的可愛感。

6. 製作臉部

眉毛·眼睫毛·嘴巴　　眼睛
輪廓繡　　　　　　　白色不織布＋黑色不織布
　　　　　　　　　　＋法國結粒繡

8. 髮飾

將花邊緞帶盤成圓形後止縫固定，
中央縫上木頭彩珠。

7. 加上頭髮

先編好35cm的三股辮，
再盤捲出造型＆止縫固定。

35cm　　7cm　　35cm

1. 製作身體

參見P.52。

2. 製作袖子

穿好衣服後再塞入棉花，
袖口作抓皺。

5. 製作衣領

毛邊繡。

YOYO小花＋大鈕釦

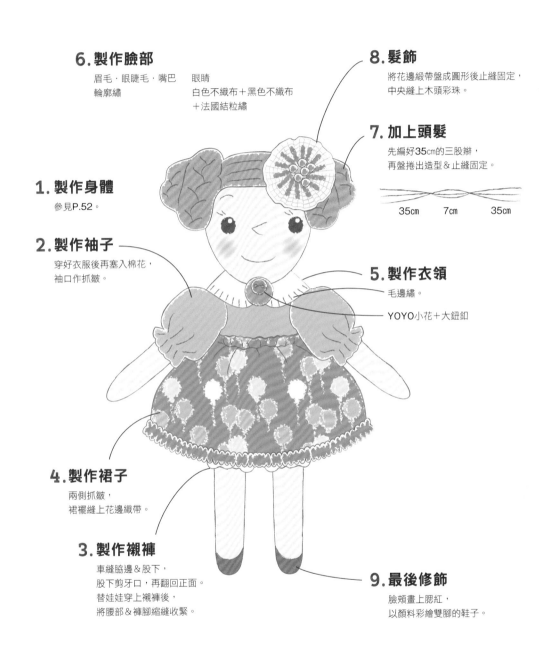

4. 製作裙子

兩側抓皺，
裙襬縫上花邊織帶。

3. 製作襯褲

車縫脇邊＆股下，
股下剪牙口，再翻回正面。
替娃娃穿上襯褲後，
將腰部＆褲腳縮縫收緊。

9. 最後修飾

臉頰畫上腮紅，
以顏料彩繪雙腳的鞋子。

HOW TO MAKE » P.52·60　　　PATTERN » P.60

28

華麗的花朵女孩
莉莉

只有洋裝的領口＆手腕處需要縫緊，
其餘如花冠及衣領、前襟、腳踝的花邊織帶都只以白膠黏貼——
輕鬆完成就是她的特色！
統一使用花朵圖案與暖色調的布料＆織帶，更添華麗感。

單位＝cm

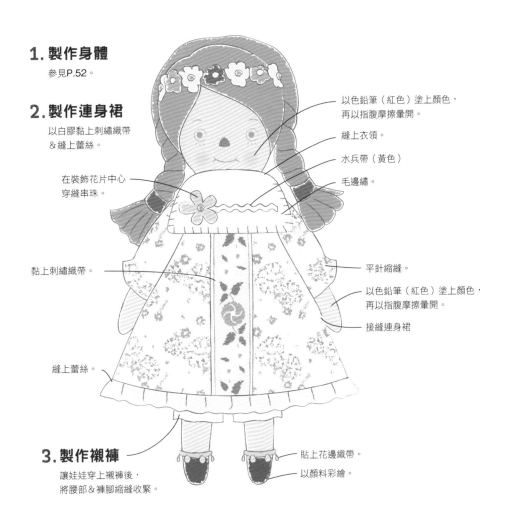

1.製作身體
　參見P.52。

2.製作連身裙
　以白膠黏上刺繡織帶
　&縫上蕾絲。

以色鉛筆（紅色）塗上顏色，
再以指腹摩擦暈開。

縫上衣領。

水兵帶（黃色）

毛邊繡。

在裝飾花片中心
穿縫串珠。

黏上刺繡織帶。

平針縮縫。

以色鉛筆（紅色）塗上顏色，
再以指腹摩擦暈開。

接縫連身裙

縫上蕾絲。

3.製作襯褲
　讓娃娃穿上襯褲後，
　將腰部&褲腳縮縫收緊。

貼上花邊織帶。

以顏料彩繪。

4.描繪臉部

水性顏料筆（茶色）

以圓棒印上圓點。

直徑5.5cm

回針繡。

緞面繡
1股線

2股線

嘴角處縫線稍微
往後腦勺方向拉
收&打結固定。

5.加上頭髮

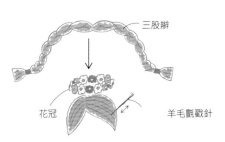

三股辮

花冠

羊毛氈戳針

29

穿上布洋裝的木頭偶
榭拉

穿著棉質洋裝＆戴著針織帽的木製娃娃，
手腳是與身體分開組裝的活動式設計。
將共通紙型的臉部縮小75％後，整體平衡更符合木頭偶的視覺風格。

単位＝cm

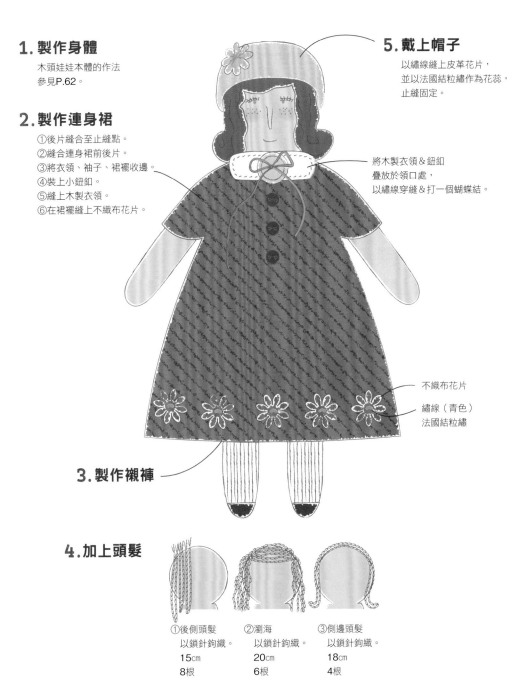

1.製作身體

木頭娃娃本體的作法
參見P.62。

2.製作連身裙

①後片縫合至止縫點。
②縫合連身裙前後片。
③將衣領、袖子、裙襬收邊。
④裝上小鈕釦。
⑤縫上木製衣領。
⑥在裙襬縫上不織布花片。

3.製作襯褲

4.加上頭髮

①後側頭髮
以鎖針鉤織。
15cm
8根

②瀏海
以鎖針鉤織。
20cm
6根

③側邊頭髮
以鎖針鉤織。
18cm
4根

5.戴上帽子

以繡線縫上皮革花片，
並以法國結粒繡作為花蕊，
止縫固定。

將木製衣領＆鈕釦
疊放於領口處，
以繡線穿縫＆打一個蝴蝶結。

不織布花片

繡線（青色）
法國結粒繡

HOW TO MAKE ≫P.62   PATTERN ≫P.62   木頭娃娃本體的作法 ≫P.62   帽子的織圖 ≫P.65

30

精心裝扮的淑女娃娃
安涅特

戴上合適的黑色貝蕾帽，衣著也統一黑白色調，
手作娃娃偶變身為大人的成熟氣質。
提著經典的黑色提包，就像正要出門欣賞音樂會呢！

單位＝cm

4. 加上頭髮

×2束
（1束15條）
← 30cm →

在中心稍微偏右處，
一束一束地止縫固定。

綁三股辮後，
盤成團子造型
＆縫緊固定。

5. 製作貝蕾帽

邊緣內摺0.5cm，
平針縮縫後拉緊。

從開孔處
穿出繩圈

以木錐穿洞。

6. 描繪臉部

直針繡。
由外往內，
漩渦狀地
進行鎖鏈繡
（2股線）。

法國結粒繡
（捲2次）

回針繡（1股線）

1. 製作身體

2. 製作連身裙

在衣襬＆袖口刺繡。
腰部縫上人字帶，
並打一個蝴蝶結。

法國結粒繡
（捲2次・4股線）

扭轉鎖鏈繡
（3股線）

為娃娃穿上衣服後，
袖口平針縮縫拉緊。

法國結粒繡
（捲2次・3股線）

飛羽繡（2股線）

縫上蕾絲

3. 製作襯褲

在褲腳兩側縫上鈕釦。

7. 最後修飾

臉頰畫上腮紅，
腳部以顏料彩繪上色。

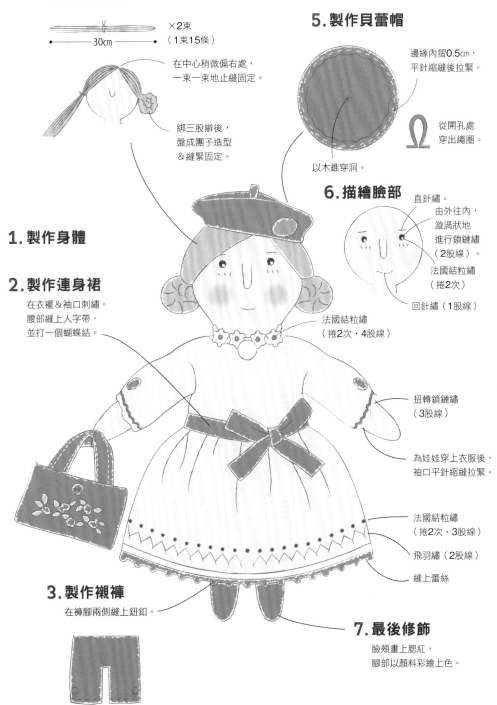

31

可以換裝打扮的圍裙娃娃
溫蒂

開心地幫娃娃換上連身裙＆圍裙的套裝——
大圓裙搭配上緞帶刺繡的圍裙，整體造型別緻又華麗。
以相同紙型也能作出成熟姊姊風格的服裝打扮喔！

HOW TO MAKE
Wendy Handmade by CHISATO SAITO

4.描繪臉部

以代針筆描繪。

褐色
白色
紅色

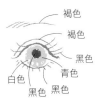
褐色
褐色
黑色
青色
白色
黑色 黑色

1.製作身體

3.製作連身裙

①領口處剪牙口。
②裙子的腰部抓皺後，
　與身片縫合。
③裙襬荷葉邊抓皺後，
　與裙襬縫合。
④以3股繡線縫合領口一圈，
　預留一段稍長的線，
　待穿上衣服後再打結剪線。

5.加上頭髮

・取羊毛條依序縫上瀏海、
　後側頭髮、兩側頭髮。
・髮尾往內捲收＆以戳針稍微戳
　刺定型。

為娃娃穿上衣服後，
再整理手臂衣袖的縫份。

參見P.64圍裙紙型
進行刺繡。

以白色壓克力顏料上色。

顏料乾燥後繡上十字繡。

2.製作襯褲

拉收縫線，
縮緊腰圍。

內摺0.5cm，
從後方中央開始
平針縫1圈。

內摺0.5cm，
平針縫1圈。

以喜歡的布料多製作
幾件連身裙＆不同設
計的圍裙，充實娃娃
的衣物間，充分享受
換裝的樂趣吧！

HOW TO MAKE » P.52・64　　　PATTERN » P.64　　　圍裙洋裝的紙型 » P.64

娃娃偶的基礎準備＆教作

～掌握可愛造型的作法～

≫ 製作布偶的基本工具

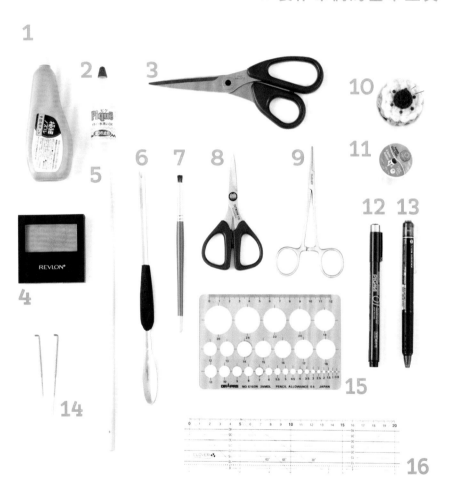

6　螃蟹匙
雖是吃螃蟹的專用工具，但用來為娃娃的手腳填入棉花易外地便利。

7　拓刷筆
搭配型染板進行刷色的工具。本書用於為娃娃刷上腮紅。

8　手工藝專用剪刀
用於進行剪線等精細的工作。

9　手工藝專用鉗子
為娃娃身體填入棉花，或翻面時使用。

10　待針‧手縫針
待針是用於暫時固定布料，手縫針則是縫製衣服布料時使用。

11　拼布手縫線
高強度的拼布專用縫線，兼具柔韌＆容易縫製的強度。

12　代針筆（Sakura Craypas）
水性顏料的代針筆，有0.05至3mm的筆尖可供選擇，可畫出纖細的線條。

13　魔擦筆／熱消筆（PILOT）
利用墨水遇熱就會消失的特性，以熨斗熨燙即可消去筆跡，適合用來打草稿。

14　羊毛氈戳針
將羊毛氈材料戳刺塑型的專用針，本書應用於為布偶加上頭髮造型。

15　圓圈板
製圖用的圓圈模板，本書應用於繪製娃娃的眼睛。

16　尺
在紙型上畫線＆測量尺寸時使用。

1　手工藝專用白膠
黏貼製作頭髮的毛線＆裝飾物時使用。

2　防綻液
塗在容易綻線的布邊或緞帶尾端。

3　布剪
裁剪布料的專用剪刀。

4　腮紅
塗在娃娃的臉頰上作出粉嫩感的效果。

5　長筷
將縫製好的娃娃身體布料翻面＆填入棉花時使用。

基本工具&用具 BASIC TOOL

製作布偶時，須要進行填充棉花、描繪臉部、加上頭髮等精細的作業，因此備齊方便的工具相當重要。
木頭偶則除了基本的彩繪上色之外，完成後還要加上透明漆，因此須另外準備專用的上色材料&用具。

≫ 木頭偶的上色用具

1　壓克力顏料
　　（DecoArt．Americaner）
　　快乾且耐水性強的顏料。塗
　　畫使用很方便。
2　Matte Finish透明漆
　　（噴霧型）
　　噴塗均勻，5分鐘速乾，最
　　適合用來製作胸針。
3　木器塗飾油
　　（WATCO OIL）
　　圖中品項為一般容量。搭配
　　5海綿刷塗抹木頭處，可保
　　護完工的木材。
4　萬用黏膠（萬能膠）
　　可黏貼木頭、金屬、塑膠等
　　物的強力黏著劑。
5　WATCO OIL專用海綿刷
　　用於塗抹WATCO OIL的海
　　綿。
6　紙膠帶
　　塗抹顏料時，可將不須塗抹
　　的區塊貼上紙膠帶，進行保
　　護。
7　平筆
　　塗畫壓克力顏料時使用。
8　拓刷筆
　　同P.50工具7。
9　鐵筆
　　棒狀的畫記工具，描紙型時
　　使用。
10　筆刀
　　筆型的刀片，適合進行精細
　　的裁切作業。
11　代針筆（Sakura Craypas）
　　同P.50工具12。
12　魔擦筆（PILOT）
　　同P.50工具13。
13　型染板
　　可以自己設計圖樣&手刻鏤
　　空。
14　描圖紙
　　描畫圖案&紙型時使用。

上色用具提供：株式会社アシーナ

布偶的基礎作法 BASIC PROCESS

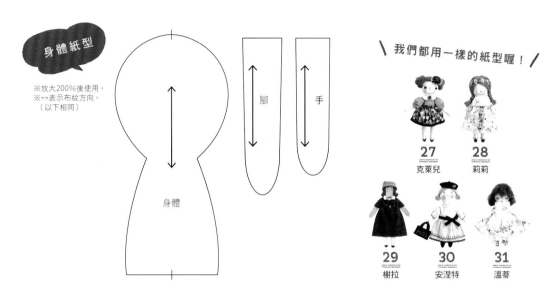

身體紙型

※放大200%後使用。
※↔表示布紋方向。
（以下相同）

腳　手

身體

我們都用一樣的紙型喔！

27 克萊兒　　**28** 莉莉

29 榭拉　　**30** 安涅特　　**31** 溫蒂

1. 製作身體

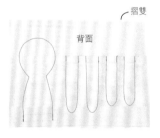

摺雙

背面

① 將膚色的平織布正面相對對摺，在朝外的布料背面描畫上紙型後，縫上完成線。

背面

② 保留約0.5cm的縫份，剪下身體各部件。

背面

③ 在圓弧處剪牙口後，翻回正面。手腳也同樣在圓弧處剪牙口&翻回正面。

正面

④ 填入棉花。建議使用長筷較好操作。

⑤ 手腳也填入棉花後，將手腳接縫在身體上。

2. 製作短上衣

① 備齊製作短上衣、裙子、衣領、襯褲的布料，並縫上完成線。

本篇將以PART3同款紙型的基本款娃娃克萊兒為例，分解製作過程並加以解說。
製作身體、穿上衣服……請在此熟悉布偶的基礎作法吧！

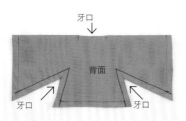

❷ 將短上衣布料正面相對，縫合袖下＆脇邊後，在腋下剪牙口，領口處也剪出淺淺的牙口＆開口。

❸ 翻回正面，將身體穿上短上衣。

❹ 袖口內摺1cm，平針縫一圈。

❺ 在袖子裡鬆鬆地填入棉花，作出蓬蓬袖的效果。

❻ 拉緊袖口的平針縫縫線，打結固定。

❼ 稍微抓收肩膀處，止縫固定。

3. 製作襯褲

❶ 將襯褲布料正面相對，縫合側邊及褲襠，並在褲襠處剪Y字。

❷ 穿上襯褲，將褲腳＆腰部的縫份內摺，平針縫後拉線收緊。

4. 製作裙子

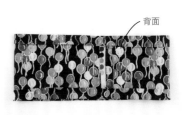

❶ 將裙子布料正面相對對摺，縫合側邊＆燙開縫份，再以熨斗熨摺裙襬＆腰部的縫份。

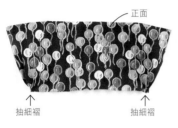

正面

↑ 抽細褶   ↑ 抽細褶

② 裙襬左右兩側平針縫，稍微抽細褶。

③ 裙襬縫上花邊織帶。

④ 腰部進行平針縫。

5. 加上衣領

⑤ 將裙子的腰部抽細褶後，為娃娃穿上裙子＆止縫固定。

返口

背面

① 衣領布料正面相對，預留返口＆縫上完成線後，在圓弧處剪牙口。

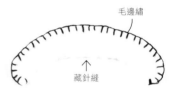

毛邊繡

↑ 藏針縫

② 翻面，返口以藏針縫縫合，周圍進行毛邊繡。

③ 將衣領圍在脖子上，在脖子兩側與身體縫合起來。

④ 準備好YOYO拼布小花＆鈕釦。

⑤ 將鈕釦重疊YOYO拼布小花，縫在衣領上。

6. 製作臉部

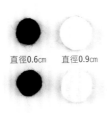

直徑0.6cm　直徑0.9cm

① 白色不織布剪直徑0.9cm，黑色不織布剪直徑0.6cm的圓形。各剪兩個作為眼白&黑眼珠。不織布稍微以熨斗熨平處理後會變薄，將更容易製作。

② 畫出鼻子的草稿線。建議使用魔擦筆，之後只要以熨斗熨燙，筆跡就會消失，非常便利。

③ 在白色不織布上方縫上黑色不織布眼珠。

法國結粒繡

④ 以3股白色繡線，進行捲2圈的法國結粒繡，點亮眼睛的神采。

輪廓繡

⑤ 鼻子、眉毛、眼睫毛、嘴巴，皆取1股線進行輪廓繡。

7. 加上頭髮

7cm
35cm　　35cm

① 約取30根毛線，整理成一束。在中央處打結作出一段7cm的長度，兩端各留35cm。

② 將中央7cm的區段置於頭頂處，以羊毛氈戳針淺淺地來回戳刺固定。

③ 左右兩邊綁三股辮，並將髮尾修剪整齊。

④ 將三股辮盤成團狀。

⑤ 將髮尾塞入後側的盤髮內。

⑥ 先以待針固定位置,再止縫固定。

⑦ 將兩側的三股辮皆盤好固定。

8. 最後裝飾

緞帶
花邊織帶

① 在緞帶的正中央縫上花邊織帶。

② 將緞帶繞圓,止縫固定,並在緞帶末端塗上防綻液。

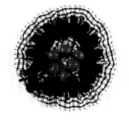

③ 在正中央縫上串珠。

④ 以白膠貼上緞帶頭飾。

⑤ 以壓克力顏料畫上鞋子。

⑥ 以腮紅染出粉嫩的雙頰,完成!

手作布偶的共同技巧 TECHNIQUE

在開始製作娃娃之前，請仔細閱讀本頁說明。若想製作古董風娃娃，肌膚＆衣服的布料請先進行紅茶染。

≫ 紅茶染基本作法

進行紅茶染之前，請先以溫水揉洗布料，清除棉絮。擰乾之後，將布鋪在毛巾上吸乾水分。

❶ 在500cc熱水中放入5個紅茶茶包，小火煮5分鐘＆加入一小匙鹽溶解後，取出茶包。再將想染色的身體‧手‧腳（翻回正面之前）放入紅茶液中，煮約5分鐘後熄火，浸泡至紅茶液冷卻為止。

❷ 在等待紅茶冷卻期間，可將想稍微染色的物品（印花布、縫好的衣服或蕾絲等）浸入紅茶液中，並立刻取出，擰乾＆仔細拉平之後陰乾。

≫ 製作身體

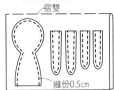

摺雙

縫份0.5cm

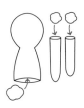

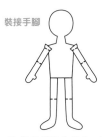

裝接手腳

❶ 將布料正面相對，在布料背面描畫紙型＆縫好完成線，再外加0.5cm縫份進行裁剪。

❷ 在圓弧處剪牙口後，翻回正面。

❸ 填入棉花。建議以鉗子分次少量地夾取棉花＆慢慢填入會比較順利。

❹ 將開口處的縫份內摺＆縫合。

❶ 將手腳填入棉花。填至一半時，進行平針縫。
❷ 將剩餘的一半鬆鬆地填入棉花，再將手腳接縫在身體上。

≫ 棉花的填入方法

臉部到脖子處扎實地填入滿滿的棉花，其餘區段填至有蓬度即可。手腳的一半填滿棉花，另一半則填入一點點就好。

塞滿滿！

蓬鬆

只要一點點

塞滿滿！

免洗筷

建議以免洗筷或手工藝用鉗子進行充棉作業。

鉗子

≫ 襪褲的作法

❶ 縫上蕾絲。
❷ 縫合兩脇邊。
❸ 縫合褲襠。
❹ 剪Y字牙口。
❺ 翻回正面。

≫ 上色

為臉部上色，或描繪五官時，使用市售的圓圈板會很方便。在臉部填充棉花時，請稍微拉整布面，且一定要填入棉花之後再開始描繪五官。

繪製鞋子時，先以壓克力顏料上色，再以代針筆描畫邊線，會更加有型＆美觀。

≫ 加上頭髮

將毛線頭髮安置於頭上，以羊毛氈戳針戳刺固定。若想要確保緊密牢固，可以沾一點白膠加強固定。「以白膠黏貼」意指可以使用各種類的手工藝用白膠（木工用白膠也OK）。

加上臉部表情 & 頭髮　FACE & HAIR

» 以筆描繪五官

  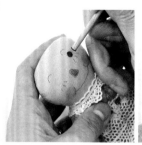 

❶ 在臉部畫草稿，以紅色色鉛筆畫上腮紅，再以指腹暈開。

❷ 以0.1mm褐色水性顏料筆畫出鼻子輪廓，再以紅色色鉛筆將鼻子塗滿顏色。

❸ 以筆尾或圓棍沾附顏料，用力壓印出眼睛。

❹ 以0.1mm褐色水性顏料筆畫上嘴巴。臉部五官表情完成！

» 製作鈕釦眼睛

❶ 以針線縫上鈕釦。

❷ 線在後方打結。

» 以刺繡繡出五官

❶ 以魔擦筆畫草稿。刺繡完成後，再以吹風機的暖風稍微吹一吹，使草稿線消失。

❷ 取1股繡線，繡出直針繡繡眉毛、回針繡鼻子 & 嘴巴，及鎖鏈繡眼睛。

» 丸子頭

❶ 準備好粗毛線。

❷ 在頭部三處（左上、左側、右側）止縫固定。

❸ 將頭髮從後側往上束起 & 以線綁住。

❹ 如圖所示將頭髮捲繞在一起後，作成丸子頭。

以筆或刺繡描繪五官表情都OK，選擇自己喜歡的方式即可。
髮型也可以選擇爆炸頭或三股辮等，各種創意隨你發揮！

» 三股辮雙馬尾

⑤ 在縫隙間塗入白膠，固
定毛線。

⑥ 完成！

① 取10條26cm長的中粗毛
線綁成1束，共準備6束。

② 從額頭前緣開始，以羊
毛氈戳針戳刺上毛線頭髮。

③ 將毛線頭髮全部戳刺固
定。

④ 分左右兩邊，編三股辮
&打上裝飾結。

⑤ 在耳朵處塗上白膠。

⑥ 在白膠乾燥之前，先以
待針固定兩側頭髮。

» 爆炸頭

① 裁9cm寬的厚紙，以一般
粗細的毛線捲繞30圈，再
自正中央束起。

② 將兩側線圈剪開，並以
劍山將毛線刮鬆。

③ 將頭部塗上白膠。

④ 將毛線頭髮黏貼固定，
完成！

27
克萊兒

PHOTO » P.40
HOW TO MAKE » P.41
身高 20cm

材料 ※布料尺寸皆以長×寬表示。
身體／膚色平織布　32cm×25cm
裙子／印花布　11cm×36cm
短上衣／素色木棉布　20cm×18cm
襯褲／木棉蕾絲　14cm×22cm
衣領／素色木棉布　7cm×24cm
YOYO拼布小花／木棉布　6cm×6cm
髮飾／木珠　紅色　6個
　　　緞帶　10cm
　　　花邊織帶　黑色　10cm

裙子／花邊織帶　黑色　30cm
眼睛／不織布　白色　3cm×3cm
　　　不織布　黑色　3cm×3cm
衣領鈕釦／直徑0.7cm鈕釦　黑色　1個
拼布專用線／紅色・黑色・白色
　　　土耳其藍・橘色
25號繡線／白色・黑色
頭髮／毛線　中細　橘色
羊毛氈戳針（快速針）
其他、棉花／適量

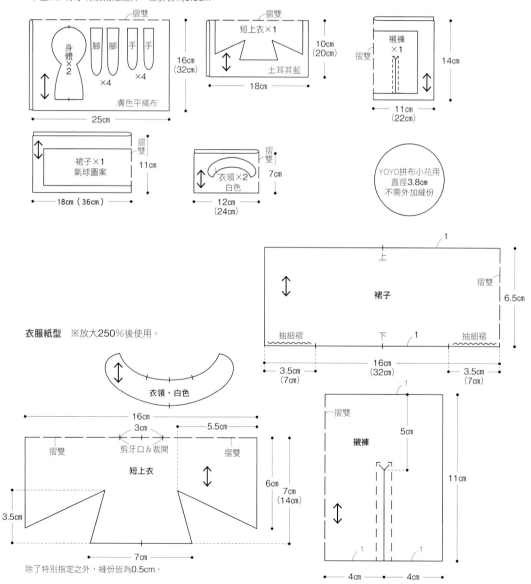

裁布圖
單位cm／除了特別指定之外，縫份皆為0.5cm。

衣服紙型　※放大250%後使用。

除了特別指定之外，縫份皆為0.5cm。

28
莉莉

PHOTO ≫ P.42
HOW TO MAKE ≫ P.43

身高 20cm

材料　※布料尺寸皆以長×寬表示。
身體・襯褲・衣領／原色薄平織布　19cm×54cm
連身裙／印花布　24cm×20cm
花片／黃色　1個
串珠／紅色　1個
水兵帶／4cm
刺繡織帶／2cm寬　12cm
花朵飾帶／18cm
鞋子用花邊織帶／10cm
紅茶茶包／2個
鹽／少量
頭髮／毛線　中粗　橙色

油性筆／細　紅色
水性顏料筆／褐色　0.1mm
色鉛筆／紅色
車縫線／原色　60號
手縫線／原色
眼睛・鞋子／壓克力顏料　水藍色・焦褐色
繡線／鼻子…橙色　2股
　　　　嘴巴・衣領・襯褲・袖子…紅色　2股
緞帶／5mm寬　8cm
腮紅・白膠・棉花／各適量

裁布圖
單位cm／除了特別指定之外，縫份皆為0.5cm。

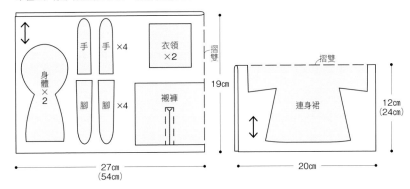

連身裙紙型　※放大200%後使用。

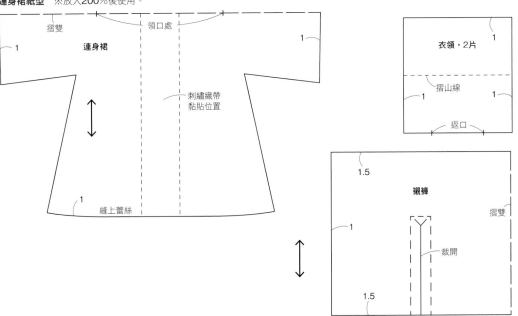

29
榭拉

PHOTO ≫ P.44
HOW TO MAKE ≫ P.45
身高 20cm

材料 ※布料尺寸皆以長×寬表示。
身體・腳／合板　長120×寬120×厚9mm
手・衣領／合板　長100×寬100×厚4mm
帽子／Olympus Emmy Grande
　　　毛線系列H10（鉤針3號）
頭髮／DARUMA鴨川毛線＃18
鈕釦／1個
小鈕釦／3個

風箏線／約120cm
連身裙／府綢布　20cm×45cm
25號繡線／青色
襯褲／平織布　15cm×22cm
　　　／繡線　白色
25號不織布花片／紅色　5片
皮革花片／粉紅色　1片
暗釦／1組
砂紙／＃320
萬用黏膠

裁布圖
下襬縫份2cm，其他縫份0.7cm。

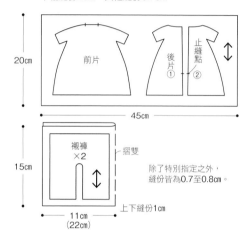

20cm

前片　　後片①　止縫點②

45cm

襯褲×2　摺雙

15cm

11cm
(22cm)

除了特別指定之外，
縫份皆為0.7至0.8cm。

上下縫份1cm

木頭娃娃本體的作法
①將共通紙型的頭部縮小至75%，以線鋸
　裁切出各身體部件。
②以砂紙打磨切口，尖銳處以美工刀切除處
　理。
③為各身體部件上色，以砂紙打磨邊緣。
④以代針筆進行細部描繪。
⑤待代針筆墨水乾燥之後，噴上透明漆。
⑥以鑽頭鑽出穿縫風箏線的孔洞。
⑦將風箏線穿過刺繡針，自身體後側入針後
　往回穿，在後側打結固定。

衣服紙型　※放大280%後使用。

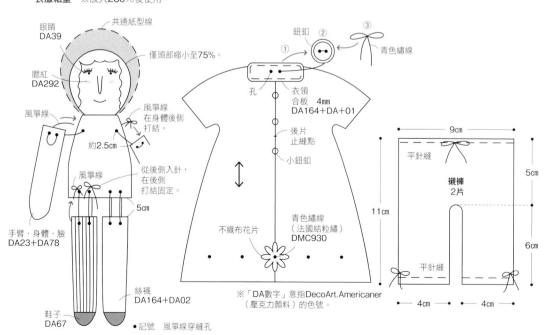

眼睛
DA39
共通紙型線
僅頭部縮小至75%。
腮紅
DA292
風箏線
風箏線
在身體後側
打結。
約2.5cm
風箏線
從後側入針，
在後側
打結固定。
5cm
手臂・身體・臉
DA23+DA78
絲襪
DA164+DA02
鞋子
DA67
●記號　風箏線穿縫孔

鈕釦②　③
孔　青色繡線
衣領
合板　4mm
DA164+DA+01
後片
止縫點
小鈕釦
不織布花片
青色繡線
（法國結粒繡）
DMC930
※「DA數字」意指DecoArt,Americaner
　（壓克力顏料）的色號。

9cm
平針縫
襯褲
2片
平針縫
5cm
11cm
6cm
4cm　4cm

30
安涅特

PHOTO ≫ P.46
HOW TO MAKE ≫ P.47
身高 20cm

材料 ※布料尺寸皆以長×寬表示。
身體／原色平織布　30cm×20cm
襯褲／素色棉布　黃綠色　24cm×10cm
連身裙／原色棉麻混紡布
　　　　36cm×18cm
貝蕾帽／不織布　10cm×11cm
頭髮／毛線　DARUMA iroiro N.06
　　　　30cm×30條(分2束)
墜飾／1個

鈕釦／白色1個　黑色2個
襯褲用鈕釦／2個
繡線／褐色・白色・紅褐色・黑色
黑色人字帶／1cm寬×36cm
衣領用花邊織帶／9cm
下襬蕾絲／26cm
壓克力顏料／黑色
腮紅・棉花／各適量

裁布圖
縫份0.5cm／下襬1cm

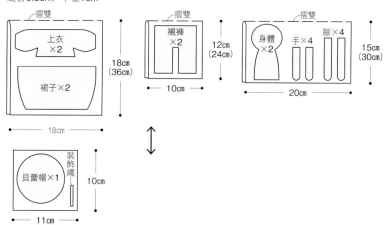

衣服紙型 ※放大250%後使用。

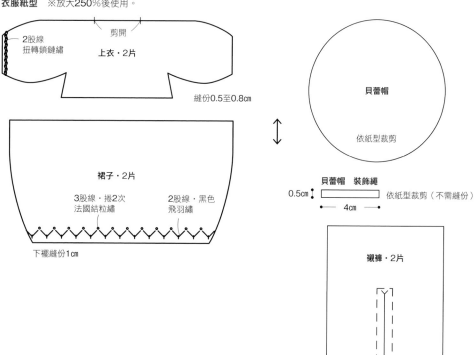

31
溫蒂

PHOTO » P.48
HOW TO MAKE » P.49
身高 20cm

材料 ※布料尺寸皆以長×寬表示。
身體／膚色平織布　30cm×20cm
襯褲／白色棉質細布　6.5cm×23cm
連身裙／棉質印花布　27cm×25cm
連身裙的荷葉裙襬（另外裁剪）
　／棉質印花布　寬2.5cm×38cm
圍裙／白色棉質細布　8cm×14cm
圍裙綁帶／0.9cm寬的緞帶　35cm
圍裙用刺繡緞帶／3.5mm寬
　　　　　　　　青色・紅色・綠色・黃色
圍裙用蕾絲飾邊／22cm
圍脖領結／蕾絲　25cm
脖子周圍用繡線／3股線　約50cm

頭髮／羊毛條　褐色
靴子綁繩／25號繡線　黑色・3股線　約1m
代針筆／黑色・褐色・青色・紅色
棉花・白色壓克力顏料・平筆・紙膠帶・腮紅

《圍裙洋裝》
白色薄亞麻布／26cm×24cm
前襟蕾絲／1.5cm寬×9.5cm
裙襬蕾絲／1.5cm寬×38cm
暗鈕／直徑8mm　1組
裝飾用材料／貝殼鈕釦、蕾絲花片等

裁布圖
皆外加0.5cm的縫份。

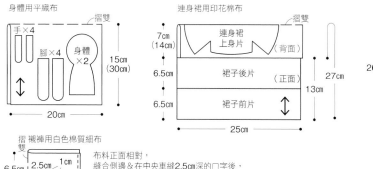

身體用平織布
手×4
腳×4
身體×2
15cm（30cm）
20cm

連身裙用印花棉布
摺雙
連身裙上身片（背面）
7cm（14cm）
6.5cm　裙子後片（正面）
6.5cm　裙子前片
27cm
13cm
25cm

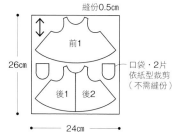

縫份0.5cm
前1
後1　後2
26cm
口袋・2片依紙型裁剪（不需縫份）
24cm

襯褲用白色棉質細布
摺雙
6.5cm　2.5cm　1cm
0.5cm
布料正面相對，
縫合側邊＆在中央車縫2.5cm深的ㄇ字後，
如圖所示剪出Y字牙口。

衣服紙型
※放大250%後使用。

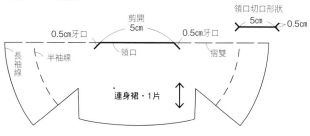

長袖線　半袖線
0.5cm牙口　剪開5cm　0.5cm牙口
領口　摺雙
連身裙・1片
領口切口形狀
5cm　0.5cm

圍裙洋裝紙型
※放大250%後使用。

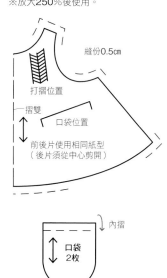

縫份0.5cm
打摺位置
摺雙
口袋位置
前後片使用相同紙型（後片須從中心剪開）

內摺
口袋2枚
依紙型裁剪（不須縫份）

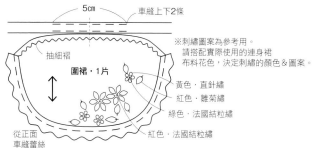

5cm　車縫上下2條
抽細褶
圍裙・1片
從正面車縫蕾絲

※刺繡圖案為參考用。
請搭配實際使用的連身裙布料花色，決定刺繡的顏色＆圖案。

黃色・直針繡
紅色・雛菊繡
綠色・法國結粒繡
紅色・法國結粒繡

手作娃娃常用語
DOLL DICTIONARY

【阿米許】 Amish
18世紀前半從歐洲移往北美居住，嚴格解釋聖經的基督教新教派之一。男性戴寬邊帽、留著長鬍鬚，女性則將頭髮包住隱藏起來，穿著黑色服裝及鞋子。

【鄉村娃娃】 Country Doll
以美國西部拓荒時期（1860至1890），母親以零碼布及舊衣物為孩子製作的娃娃為原型藍本，進行創作的手工娃娃。

【紅茶染】 Tea-dyed
將布以紅茶染色，改造成舊衣物的色調印象，或將娃娃的身體染出小麥膚色。

【刺繡織帶】 Tyrolean tape
提洛爾地區（歐洲阿爾卑斯山脈東部區域）民族衣物風格的刺繡織帶。

【襯褲】 Drawers
穿在裙子裡面的女性內衣。褲襠長且寬鬆，褲子下襬常以蕾絲等點綴。

【襯裙】 Petticoat
穿在裙子裡面的女性內衣。19世紀時代，為了讓裙子穿起來更蓬更具分量感，會穿上多層襯裙。裙襬多裝飾有精巧的蕾絲。

【帽兜】 Bonnet
以柔軟布料製成的帽子。穿戴時會覆蓋住後腦勺，前方帽緣漸寬，並在下巴下方以緞帶繫結固定。

【拉基德·安】 Raggedy Ann
插畫家Johnny Gruelle（1880-1938）將自創的繪本角色製作成有著毛線頭髮&紅色鼻子的布娃娃，因廣受好評，而後正式發行同款的系列娃娃。據說第一代的拉基德·安娃娃胸口中埋有心形的糖果。

【布娃娃】 Ragdoll
布製的抱抱玩偶。

28
榭拉的帽子編織圖

第1段　輪編織短針8針　作出帽頂
第2段　短針16針
第3段　短針24針
第4段　短針32針
第5段　短針32針
第6段　短針40針
第7段　短針40針
第8段　短針48針
第8段　短針48針
第10段　短針48針
第11段　短針48針
第12段　短針40針
第13段　短針40針
第14段　逆短針40針

×	短針
W	短針2針加2針
A	短針2針併1針
●	引拔針
0	鎖針
X̃	逆短針

01 珍

PHOTO » P.6
PATTERN » P.99
身高 24cm

材料 ※布料尺寸皆以長×寬表示。

頭部／膚色平織布　14cm×7cm
手臂／膚色平織布　10cm×20cm
連身裙／印花布　24cm×45cm
　　　蕾絲緞帶　46cm
靴子／素色布　黑色　20cm×20cm
襯褲／棉布　13cm×25cm
　　　蕾絲緞帶　25cm
圍裙／本體…白色棉質細布　8cm×14cm
　　　綁帶…白色棉質細布　3cm寬×40cm
　　　滾邊蕾絲…蕾絲緞帶　22cm

刺繡緞帶／3.5mm寬
　　　藍色・黃色・粉紅色・淡綠色
25號繡線／綠色
靴子鞋帶／繡線　原色　約1m
頭髮／極細毛線　土黃色
　　　繞30cm紙卡60圈的長度
連身裙裝飾鈕釦／直徑約0.5cm　白色　3個
領巾／印花棉質細布等　15cm×15cm
臉部刺繡／25號繡線
　　　褐色・青色・深青色・粉紅色・白色
其他・棉花・色鉛筆（粉紅色腮紅）・白膠／
　　　各適量

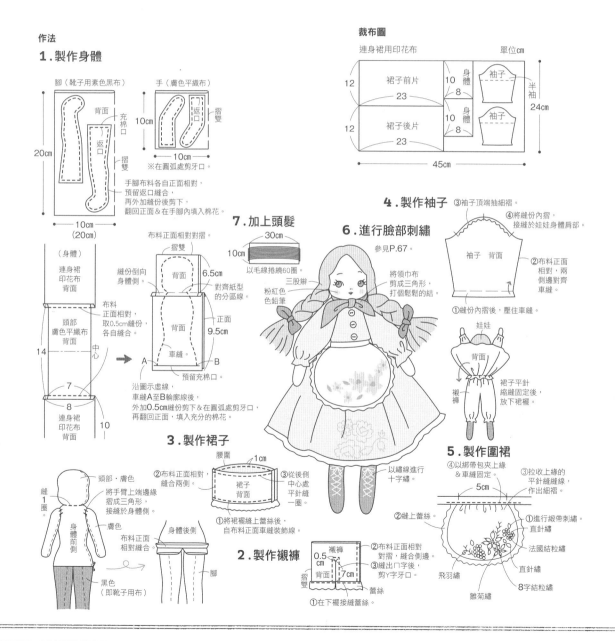

作法

1.製作身體

裁布圖
連身裙用印花布　單位cm

4.製作袖子

7.加上頭髮

6.進行臉部刺繡
參見P.67。

3.製作裙子

5.製作圍裙

2.製作襯褲

· 66 ·

01
愛莉

PHOTO ≫ P.7
PATTERN ≫ P.99
身高 24cm

材料 ※布料尺寸皆以長×寬表示。
頭部／膚色平織布 14cm×7cm
手臂／膚色平織布 10cm×20cm
連身裙／白色棉布 24cm×45cm
　　　蕾絲緞帶 1cm寬
　　　…裙襬46cm＋袖口20cm
靴子／黑色棉布 20cm×20cm
襯褲／棉布 13cm×25cm
　　　蕾絲緞帶 1cm寬×25cm

圍裙／本體…棉質細布 8cm×14cm
　　　綁帶…0.7cm寬白色緞帶 40cm
　　　刺繡…25號繡線 白色・原色
　　　滾邊蕾絲…1.5cm寬×22cm
靴子鞋帶／5號繡線 原色 1m
頭髮／羊毛條 土黃色 適量
連身裙裝飾鈕釦／直徑0.8cm 白色 2個
25號繡線／褐色・青色・深青色
　　　白色・粉紅色
圍脖緞帶／30cm
其他・棉花・色鉛筆（腮紅用粉紅色）・白膠
／各適量

裁布圖

連身裙用白色棉布　　　　　　　　　單位cm

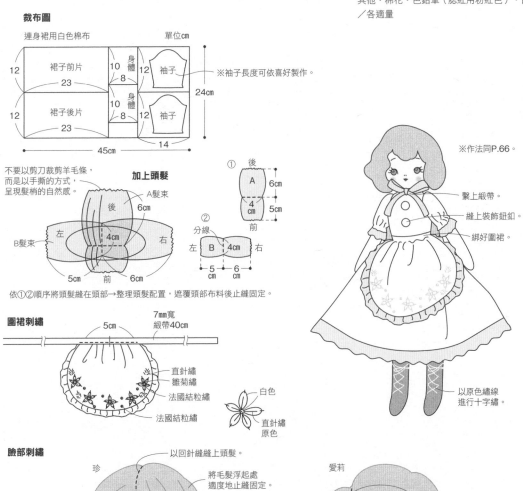

※袖子長度可依喜好製作。

不要以剪刀裁剪羊毛條，
而是以手撕的方式，
呈現髮梢的自然感。

加上頭髮

依①②順序將頭髮縫在頭部→整理頭髮配置，遮覆頭部布料後止縫固定。

※作法同P.66。

繫上緞帶。
縫上裝飾鈕釦。
綁好圍裙。

圍裙刺繡

7mm寬
緞帶40cm
5cm

直針繡
雛菊繡
法國結粒繡
法國結粒繡

白色
直針繡
原色

以原色繡線
進行十字繡。

臉部刺繡

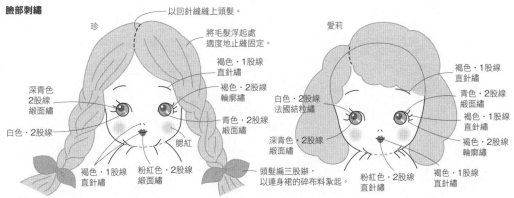

珍

以回針縫縫上頭髮。
將毛髮浮起處
適度地止縫固定。
褐色・1股線
直針繡
褐色・2股線
輪廓繡
青色・2股線
緞面繡
腮紅
褐色・1股線
直針繡
粉紅色・2股線
緞面繡
頭髮編三股辮，
以連身裙的碎布料紮起。

深青色
2股線
緞面繡
白色・2股線

愛莉

褐色・1股線
直針繡
青色・2股線
緞面繡
褐色・1股線
直針繡
褐色・2股線
輪廓繡
褐色・1股線
直針繡

白色・2股線
法國結粒繡
深青色・2股線
緞面繡
粉紅色・2股線
直針繡

02

精心打扮的迷你淑女

PHOTO » P.8-9
PATTERN » P.99
身高 14cm

材料 ※布料尺寸皆以長×寬表示。

《黛西》
頭部・手臂・腳／膚色平織布　18cm×11cm
衣裙・鞋子・包包／棉質細布印花手帕
　　　　　　　約1/2條　15cm×25cm
頭髮／羊毛條　淡褐色　少許
25號繡線／褐色・綠色・白色・粉紅色
包包／細鍊條　5cm、串珠　2個
　　　鈕釦（底座用）直徑1.4cm　1個
　　　蕾絲花片　1片

裝飾／圍脖緞帶　20cm、腰部緞帶　25cm
　　　鞋子用珍珠　2個、耳環用珍珠　2個
腮紅／粉紅色色鉛筆或化妝用腮紅
其他／頭髮用緞帶・珠飾・蕾絲花片・人造花等
　　　依喜好準備
棉花／適量

裁布圖

膚色平織布
直裁　　　　　　　　單位cm

6	頭
7.5	手臂
4.5	腳

18cm ← 11cm →

印花手帕（印花棉布）

11 上衣（兼身體）	8	14 裙子前	7.5
鞋子 2		裙子後	7.5
直徑4cm 包包 1片			

15cm　← 25cm →

作法

1.製作身體

①縫好手臂後，外加縫份剪下，
再從返口翻回正面，
將前端1／3處塞滿棉花。

7.5cm　5.5cm（11cm）　摺雙

②依下圖將三布片兩兩正面相對重疊，
取0.5cm縫份接縫成一片，
再將縫份倒向膚色布以外的布片方向。

③兩片正面相對疊合，
依紙型描畫輪廓線。

打洞

連同下片的衣服布，
一起打洞作出手臂交疊位置記號（共4處）。

調整手臂交疊的位置，
使一端稍微突出於身體
輪廓線之外。

返口
暫時固定。

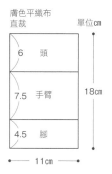

印花手帕
上衣
（兼身體）　8cm

膚色布
（腳）　4.5cm

印花手帕（鞋子）　2cm
中心
從中心剪成兩半。

11cm

印花手帕

7.5cm

膚色布
背面　3.5cm

1.5cm

鞋子背面

④將填入棉花的手臂
交叉後暫時固定，
與上片正面相對重疊，
預留返口車縫。

⑤外加縫份後剪下，
從返口翻回正面。

⑦以藏針縫縫合返口。

⑥將整體填入棉花。

⑧在已填入棉花的狀態下，
自鞋子尖端起，車縫5.5cm。
手縫時，以回針縫進行。

5.5cm

2.製作裙子

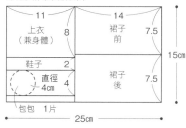

身體

1cm　背面

1cm

放下裙子，
整理皺褶蓬度。

在後方中心
收線拉緊。

3.製作頭部

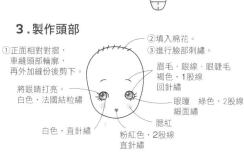

①正面相對對摺，
車縫頭部輪廓，
再外加縫份後剪下。

②填入棉花。

③進行臉部刺繡。

眉毛・眼線・眼睫毛
褐色・1股線
回針繡

將眼睛打亮。
白色・法國結粒繡

眼瞳　綠色・2股線
緞面繡

腮紅

白色・直針繡

粉紅色・2股線
直針繡

變化造型

《艾芭》（白色蕾絲洋裝）
印花手帕換成白色蕾絲布料／15cm×25cm
頭髮／羊毛條　焦褐色

《愛麗絲》（藍色連身裙）
印花手帕換成水藍色棉布／15cm×25cm
鞋子／棉布　黑色
頭髮／羊毛條　黃色
圍裙／棉質蕾絲　3.5cm寬×9cm
※上方邊緣平針縫後，抽皺縮減2cm長度，止縫於腰部。
繡線／青色（眼瞳用）
髮帶／羅紋緞帶　0.7cm寬　黑色
墜飾／依喜好

裙子的作法

①裙子前後片正面相對，縫合單側脇邊。

②燙開縫份後，裙襬上摺1cm，壓線車縫。

③布料再次正面相對，縫合另一側脇邊＆燙開縫份。

④在裙子腰部邊緣1cm處，自後中心起平針縫一圈，穿套在娃娃身體上後，拉緊縫線，讓裙子合身。

⑤將線打結固定，避免鬆脫，再剪去多餘的縫線。（請用力拉收縫線，使腰身明顯。）

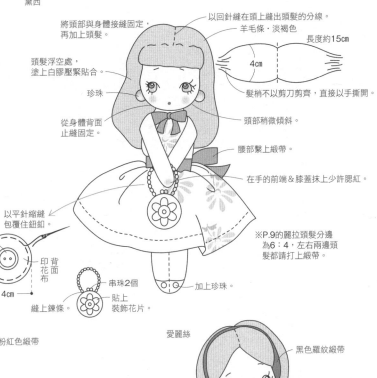

黛西

將頭部與身體接縫固定，再加上頭髮。

以回針縫在頭上縫出頭髮的分線。

羊毛條・淡褐色

長度約15cm

4cm

髮梢不以剪刀剪齊，直接以手撕開。

頭髮浮空處，塗上白膠壓緊貼合。

珍珠

從身體背面止縫固定。

頭部稍微傾斜。

腰部繫上緞帶。

在手的前端＆膝蓋抹上少許腮紅。

以平針縮縫包覆住鈕釦。

※P.9的麗拉頭髮分邊為6：4，左右兩邊頭髮都請打上緞帶。

加上珍珠。

包包
（鈕釦・直徑1.4cm）

4cm

背面印花布

串珠2個

貼上裝飾花片。

縫上鍊條。

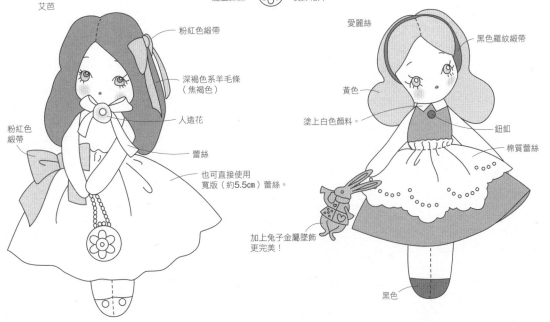

艾芭

粉紅色緞帶

深褐色系羊毛條（焦褐色）

人造花

蕾絲

也可直接使用寬版（約5.5cm）蕾絲

粉紅色緞帶

愛麗絲

黑色羅紋緞帶

黃色

塗上白色顏料。

鈕釦

棉質蕾絲

加上兔子金屬墜飾更完美！

黑色

03
喬喬

PHOTO » P.10
PATTERN » P.99-100
身高 22cm

材料 ※布料尺寸皆以長×寬表示。

身體・手・腳／原色平織布　32cm×20cm
襯褲／棉麻混紡布料　原色　25cm×12cm
衣服・帽子・帽子裝飾花／
　格子棉布　紅白色　60cm×35cm
布標／平織布　原色　3cm×6cm
布襯／3cm×6cm
帽子裝飾花用鈕釦／綠色　1個

衣服用鈕釦／白色　3個、紅色　2個
襯褲用蕾絲／白色　20cm
裝飾帶／紅色　62cm
眼睛／壓克力顏料　黑色・白色・褐色
代針筆／黑色
25號繡線／黑色・朱紅色・紅色・深青色
頭髮／粗毛線　黑色
　　　長18cm×10根=1束　共4束
棉花・腮紅／適量

裁布圖 ※喬喬&普麗普麗的身體・手・腳・襯褲共通。

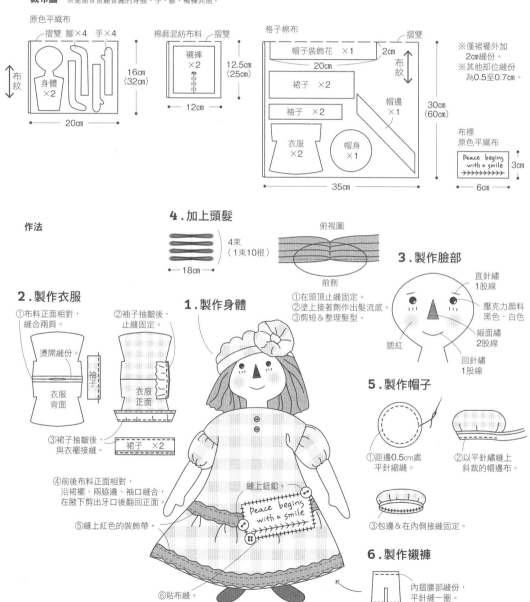

作法

4.加上頭髮
4束（1束10根）
←18cm→
俯視圖
前側
①在頭頂止縫固定。
②塗上接著劑作出髮流感。
③剪短&整理髮型。

3.製作臉部
直針繡 1股線
壓克力顏料 黑色・白色
緞面繡 2股線
回針繡 1股線
腮紅

2.製作衣服
①布料正面相對，縫合兩肩。
燙開縫份
衣服背面
②袖子抽皺後，止縫固定。
衣服正面
袖子
③裙子抽皺後，與衣襬接縫。
裙子　×2
④前後布料正面相對，沿裙襬、兩脇邊、袖口縫合，在腋下剪出牙口後翻回正面。
⑤縫上紅色的裝飾帶。
⑥貼布縫。

1.製作身體
縫上鈕釦。
Peace begins with a smile

5.製作帽子
①距邊0.5cm處平針縮縫。
②以平針繡縫上斜裁的帽邊布。
③包邊&在內側接縫固定。

6.製作襯褲
內摺腰部縫份，平針縫一圈。

04
普麗普麗

PHOTO ≫ P.10
PATTERN ≫ P.99-100
身高 22cm

材料 ※布料尺寸皆以長×寬表示。

身體・手・腳／原色平織布　32cm×20cm
襯褲／亞麻布　原色　25cm×12cm
　　　　蕾絲緞帶　黑色　20cm
連身裙・帽子／
　　亞麻布　胭脂色　42cm×28cm
帽子（裡布）／
　　素色平織布　原色　22cm×9cm
圍裙／素色棉麻布　原色　8cm×9cm

耳環／小珍珠　2個
袖口・圍裙・連身裙用鈕釦／白色　5個
裙襬・衣領裝飾鍊／白色　43cm
圍裙綁帶／人字帶　白色　1cm寬×54cm
壓克力顏料／黑色
25號繡線／青色・水藍色・原色・黃色・黑色
頭髮／毛線　Clover　Lunetta100%羊毛線
　　　（60-507）48cm×3根
棉花・腮紅／適量

裁布圖
※喬喬＆普麗普麗的身體・手・腳・襯褲共通。

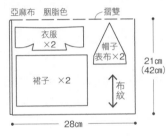

亞麻布　胭脂色　摺雙
衣服 ×2
帽子表布×2
裙子 ×2
布紋
21cm（42cm）
28cm
※僅裙襬外加2cm縫份後裁剪。

平織布　原色
帽子裡布×2
11cm（22cm）
9cm

棉麻布　素色
圍裙×1
9cm
8cm

圍裙的作法

0.5cm　背面

兩側＆底邊三摺邊車縫。

縫上長50cm寬1cm人字帶
縫上鈕釦。
青色／白色／黃色 2股線／青色／青色 4股線
刺繡。
圖案參見P.100。

3. 製作臉部

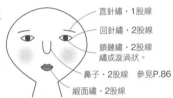

直針繡・1股線
回針繡・2股線
鎖鏈繡・2股線繡成漩渦狀。
鼻子・2股線　參見P.86
緞面繡・2股線

作法

2. 製作衣服

①布料正面相對，縫合兩肩處。
②裙子配合身型抽皺。

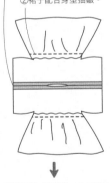

③沿裙襬、兩脇邊、袖口縫合，再在腋下處剪牙口。

牙口

1. 製作身體

加上裝飾鍊。

繡兩道鎖鏈繡，上方再作直針繡。

4. 加上頭髮

×3根　極粗
48cm
中央　中央

①一根一根地，由前往後加上頭髮，並在兩側止縫固定。
②將三根毛線纏捲繞圓後，止縫固定。
③戴上耳環。

5. 製作帽子

①接縫表布＆裡布，共製作2片。
②預留返口，將周圍縫合。
③在圓弧處剪牙口，翻回正面。

表布背面
裡布背面
返口
表布正面
裡布正面
塞入表布內側。

④刺繡
雛菊繡
平針繡
直針繡

7. 製作圍裙

6. 製作襯褲

穿上襯褲

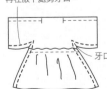

在蕾絲上邊平針縫後，拉收縫線束緊。

05
艾胥黎

PHOTO » P.12
PATTERN » P.101-102
身高 26cm

材料 ※布料尺寸皆以長×寬表示。

身體・手・腳／原色平織布
　　　　　40cm×23cm
衣服・前襟片／厚棉麻布　粉紅色
　　　　　64cm×27cm
襯褲・帽子／薄亞麻布　黑色　40cm×26cm
水兵帶／黑色　120cm
衣領／蕾絲緞帶　黑色　13cm
襯褲用蕾絲／黑色　22cm

鈕釦／大裝飾釦　黑色　1個
　　　　小鈕釦　黑色　5個
壓克力顏料／黑色
25號繡線／青色・粉紅色・深粉紅色
頭髮／Hamanaka羊毛條
　　　自然色綜合款No441-127　20g
※頭髮　長32cm
（取約1/3束，撕取32cm長。）
棉花・腮紅／適量

裁布圖 ※艾胥黎＆貝琪的身體・手・腳共通。

原色平織布
摺雙
腳×4　手×4
身體×2
20cm（40cm）
布紋
23cm

薄亞麻布　黑色　摺雙
襯褲×2　帽簷×2　帽身×1
20cm（40cm）
26cm

厚棉麻布　粉紅色　摺雙
衣服×2
裙子×2　前襟
32cm（64cm）
27cm
※僅裙襬外加2cm縫份後裁剪。

3.製作臉部

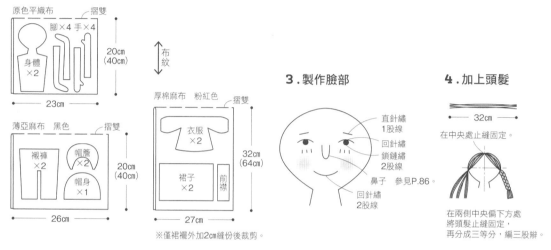

直針繡
1股線
回針繡
鎖鏈繡
2股線
鼻子　參見P.86。
回針繡
2股線

4.加上頭髮

32cm
在中央處止縫固定。

在兩側中央偏下方處
將頭髮止縫固定，
再分成三等分，編三股辮。

作法

2.製作衣服

①前襟下方夾入水兵帶車縫。

②布料正面相對，縫合兩肩。

③內摺袖口&衣襬縫份，再縫上水兵帶。

④縫合衣服脇邊至袖下，在腋下處剪牙口。

裙子
正面

布料正面相對，接縫脇邊&裙襬，再在裙子正面加上水兵帶。

1.製作身體

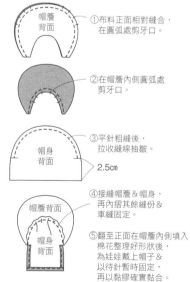

毛邊繡
雛菊繡
裝飾釦

平針縮縫抽皺後，接縫固定。

6.製作襯褲

5.製作帽兜

帽簷背面
①布料正面相對縫合，在圓弧處剪牙口。

②在帽簷內側圓弧處剪牙口。

帽身背面
③平針粗縫後，拉收縫線抽皺。
2.5cm

④接縫帽簷&帽身，再內摺其餘縫份&車縫固定。

帽簷背面
帽身背面
⑤翻至正面在帽簷內側填入棉花整理好形狀後，為娃娃戴上帽子&以待針暫時固定，再以黏膠確實黏合。

⑥為娃娃戴上帽子後，帽身下緣縮縫作出抓皺。

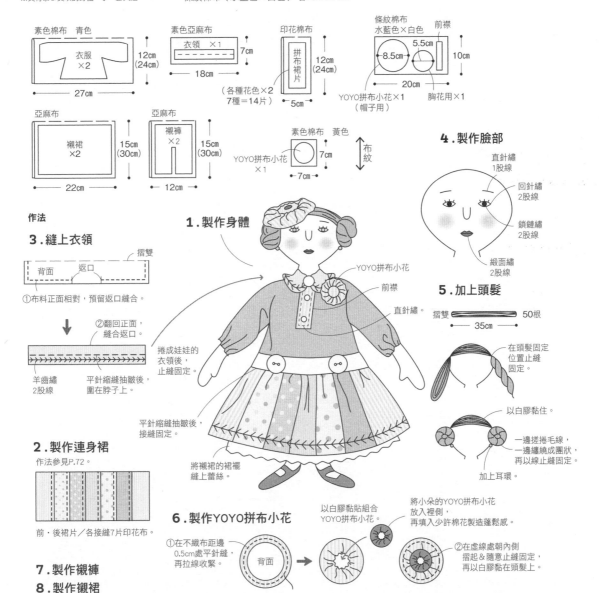

06 貝琪

PHOTO ≫ P.13
PATTERN ≫ P.101-102
身高 26cm

材料 ※布料尺寸皆以長×寬表示。

身體・手・腳／原色平織布　40cm×23cm
衣服／棉布　青色　24cm×27cm
裙子／印花棉布　24cm×5cm
　　　（各2片×7種=14片）
襯褲／亞麻布　原色　30cm×12cm
　　　蕾絲緞帶　22cm
襯裙／亞麻布　原色　30cm×22cm
　　　蕾絲緞帶　43cm
衣領／亞麻布　水藍色　7cm×18cm
前襟・YOYO拼布小花（大・小）／
　　　條紋棉布　10×20cm
帽子用YOYO拼布小花／素色棉布（黃色）・
　　　條紋棉布（水藍色×白色）各7cm×7cm

衣服鈕釦／白色鈕釦　1個、珍珠串珠　2個
裙子鈕釦／白色　2個
耳環／串珠　青色　2個
胸花用串珠／青色　1個
裙子用布標織帶／1.5cm寬×27cm
壓克力顏料／褐色
代針筆／黑色
25號繡線／褐色・青色・紅褐色・白色・黑
色・深藍色
頭髮／毛線　DARUMA iroiro　NO.8
棉花／適量

裁布圖
※艾胥黎＆貝琪的身體・手・腳共通。

素色棉布　青色
衣服 ×2
27cm
12cm(24cm)

素色亞麻布
衣領 ×1
18cm
7cm

印花棉布
拼布裙片
5cm
12cm(24cm)
（各種花色×2　7種=14片）

條紋棉布　水藍色×白色
前襟
8.5cm　5.5cm
20cm
10cm
YOYO拼布小花×1（帽子用）　胸花用×1

亞麻布
襯裙 ×2
22cm
15cm(30cm)

亞麻布
襯褲 ×2
12cm
15cm(30cm)

素色棉布　黃色
YOYO拼布小花 ×1
7cm
7cm
布紋

4.製作臉部

直針繡 1股線
回針繡 2股線
鎖鏈繡 2股線
緞面繡 2股線

5.加上頭髮

摺雙　50根
35cm

在頭髮固定位置止縫固定。

以白膠黏住。

一邊搓捲毛線，一邊纏繞成團狀，再以線止縫固定。

加上耳環。

作法

3.縫上衣領

摺雙
背面　返口
①布料正面相對，預留返口縫合。

②翻回正面，縫合返口。

羊齒繡 2股線
平針縮縫抽皺後，圍在脖子上。

1.製作身體

YOYO拼布小花
前襟
直針繡
捲成娃娃的衣領後，止縫固定。
平針縮縫抽皺後，接縫固定。
將襯裙的裙襬縫上蕾絲。

2.製作連身裙

作法參見P.72。

前・後裙片／各接縫7片印花布。

7.製作襯褲

8.製作襯裙

6.製作YOYO拼布小花

①在不織布距邊0.5cm處平針縫，再拉線收緊。
背面

以白膠黏貼組合YOYO拼布小花。

將小朵的YOYO拼布小花放入裡側，再填入少許棉花製造蓬鬆感。

②在虛線處朝內側摺起＆隨意止縫固定，再以白膠黏在頭髮上。

07
露西

PHOTO » P.14
PATTERN » P.103

身高 24cm

材料 ※布料尺寸皆以長×寬表示。

身體・手腳・襯褲／原色薄平織布
　　　　　　　　18cm×80cm
連身裙／布料　30cm×35cm
帽兜／布料　20cm×22cm
　　　棉蕾絲緞帶　55cm
襯裙／布料　11cm×50cm
衣領／布料　6.5cm×11cm
刺繡織帶／7cm
車縫線／原色60號
紅茶茶包／3個
鹽／少許
頭髮／中粗毛線　橙色

油性筆／細字　紅色
水性顏料筆／褐色
色鉛筆／紅色・白色
手縫線／原色
2B鉛筆
緞帶／0.5cm寬×50cm　深藍色
眼睛／壓克力顏料　青苔色
鞋子／主體…不織布　深綠色5cm×22cm
　　　裡側片…不織布　青綠色6cm×8cm
　　　裝飾毛球　2個
繡線／橙色・紅色・深藍色
白膠・棉花／適量

裁布圖

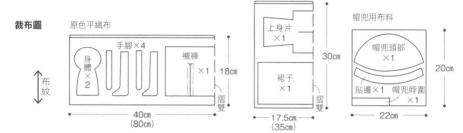

作法

1.製作身體

車縫身體輪廓後，外加縫份剪下。
紅茶染完成後，翻回正面，
填入棉花＆接縫手腳，
胸口處以紅色油性筆畫上愛心。

2.製作臉部

以圓棒
畫上圓點。

以圓圈板
畫出直徑
8.5mm的圓圈。

繡製鼻子　1股線
＆嘴巴。

2股線

回針繡

3.縫製連身裙部件

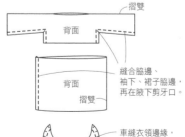

摺雙

背面

背面

摺雙

縫合脇邊、
袖下、裙子脇邊，
再在腋下剪牙口。

車縫衣領邊緣，
並在圓弧處縫份上剪牙口。

翻回正面，
平針繡裝飾線。

4.製作帽兜

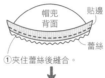

帽兜
背面　　貼邊

蕾絲

①夾住蕾絲後縫合。

②平針縮縫抽皺，
再以脖圍布包夾車縫。

緞帶

③以白膠黏上緞帶。

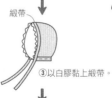

5.加上頭髮

13cm

毛線　　捲30圈。

羊毛氈戳針

塞入三股辮，
以白膠固定。

6.穿上衣服

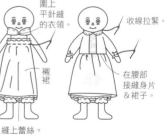

平針
縮縫。

圍上
平針縫
的衣領。

收線拉緊。

襯褲

褲襬內摺縮縫。

襯裙

縫上蕾絲。

在腰部
接縫身片
＆裙子。

7.製作鞋子

白膠

①如圖所示，
以白膠將鞋子（裡側片）
黏在鞋子主體上。

②平針繡

③腳尖處毛邊繡。

④縫合至★處後
穿上鞋子。

⑤縫合底側。

⑥以直針縫
縫上鞋底。

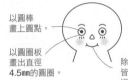

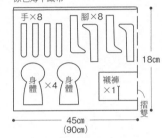

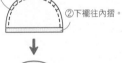

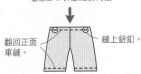

08
琪琪＆布朗

PHOTO » P.15
PATTERN » P.104
身高 14cm

材料 ※布料尺寸皆以長×寬表示。

《女孩・男孩共通》
身體・手・腳・襯褲／原色薄平織布
　　　　　　　　　　18cm×90cm
短上衣／2種布料　各12cm×15cm
白膠・棉花／適量
車縫線／原色60號
紅茶茶包／2個
鹽／少許
眼睛・鞋子／壓克力顏料　焦褐色
繡線／橙色・深藍色・粉紅色
油性筆／細字　紅色
水性顏料筆／褐色　0.1mm

《女孩》
帽兜／布料　10cm×10cm
　　蕾絲緞帶　25cm
裙子／布料　8cm×20cm
頭髮／極細毛線　金色
衣領／蕾絲緞帶　9cm・蕾絲花片　1片
《男孩》
五分褲／布料　8cm×20cm
帽子／布料　5cm×14cm
　　緞帶　0.7cm寬×10cm
衣領／布料　白色　4cm×18cm
頭髮／中粗毛線　焦褐色
色鉛筆／紅色

作法

1. 製作身體

車縫身體輪廓後，外加縫份剪下。
紅茶染完成後，翻回正面，
填入棉花＆接縫手腳，
胸口處以紅色油性筆畫上愛心。

裁布圖
身體・手・腳・襯褲
原色薄平織布

手×8　腳×8
身體×4　身體
襯褲×1
18cm
布紋
摺雙
45cm
（90cm）

2. 製作臉部

以圓棒畫上圓點
以圓圈板畫出直徑4.5mm的圓圈。
參見P.74，
以緞面繡繡出鼻子。
除了鼻子之外，
皆以水性顏料筆・
褐色0.1mm繪製。

3. 製作衣服

裙子
摺雙
縫合脇邊，
翻回正面。

穿上裙子後，
將腰部縮縫拉緊，
裙襬內摺車縫。

①縫合脇邊至袖下。
短上衣
②腋下剪牙口。

縫合衣領弧邊，
在圓弧處縫份上
剪牙口。

翻回正面，
沿邊進行平針繡。

襯褲
摺雙
車縫

剪出Y字形。

4. 製作帽子

①沿邊車縫，
在圓弧處縫份上剪牙口。
②下襬往內摺。
③邊緣貼上緞帶。
緞帶

男孩的五分褲

①布料正面相對縫合。
摺雙
②腰部＆褲腳縫份內摺。
翻回正面車縫。
縫上鈕釦。

5. 加上頭髮

女孩
4cm×捲15次
髮束末端打結。

以白膠黏上帽子。
白膠
填入棉花。
平針縫。
綿
拉緊。
蕾絲
拉緊。
平針縫。

以羊毛氈針戳針
戳刺固定頭髮。
（並在多處以
白膠加強黏合）
5.5cm×40根

穿上衣服後，
將衣服領口
縮縫收緊。

將手止縫固定
在褲子上。

圍上蕾絲。
加上蕾絲花片。
將手縫在一起。

取粉紅色繡線，
在褲襬處平針
縮縫拉緊。

腳尖朝前

09

彼得&瑪莉

PHOTO » P.16-17
PATTERN » P.104
身高 15.5cm

材料 ※布料尺寸皆以長×寬表示。

《男孩·女孩共通》
身體／原色薄平織布　18cm×50cm
車縫線／原色60號
紅茶茶包／2個
白膠·鹽／少許
頭髮／中粗毛線　焦褐色

油性筆／細字　紅色
水性顏料筆／褐色　0.1mm
色鉛筆／紅色
手縫線／原色
眼睛／壓克力顏料　白色·黑色
繡線／橙色
掛繩／圓繩　粗0.2cm
棉花／適量

裁布圖

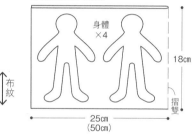

身體用原色薄平織布

身體
×4

18cm

布紋

摺雙

25cm
(50cm)

作法

1.製作身體

①布料正面相對，車縫身體輪廓後，外加縫份剪下&以紅茶染色。

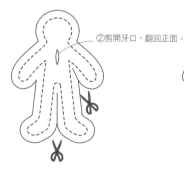

②剪開牙口，翻回正面。

綿花

③填入棉花。
頭部、手尖、腳尖
緊實地填滿棉花，
其餘部位填至
具蓬鬆感即可。

④取碎布
以白膠貼合。

2.上色

①以紅色油性筆
在胸口處畫愛心，
以顏料畫上鞋子。

②以緞面繡繡出鼻子（橙色）。

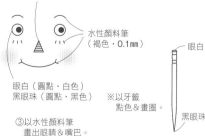

水性顏料筆
（褐色·0.1mm）

眼白

黑眼珠

眼白（圓點·白色）
黑眼珠（圓點·黑色）

③以水性顏料筆
畫出眼睛&嘴巴。

※以牙籤
點色&畫圈

《男孩》
短上衣／布料　6cm×18cm
五分褲／布料　8cm×20cm
鈕釦／黃色　2個
帽子／不織布　橙色・藍灰色
　　　各6cm×11cm
夾克／不織布　藍灰色　6cm×20cm
夾克衣領／不織布　米色　4cm×8cm
單圈／3個
墜飾／1個
鞋子／壓克力顏料　淡藍綠色

《女孩》
連身裙／布料　12cm×21cm
裡褲／布料　4cm×12cm
圍裙／蕾絲　5cm×14cm
腰帶／棉織帶　0.5cm寬×20cm
裝飾緞帶／10cm
蕾絲花片／1片
帽子／不織布　桃粉色・水藍色
　　　各6cm×11cm
鞋子／壓克力顏料　淺紅色

3.製作衣服

男孩上衣

①在距邊0.2cm處車縫。

②將前身片剪開，就變成夾克了。

③以白膠貼上衣領。

男孩

女孩

以白膠貼上
短上衣＆裡褲。

4.製作帽子

①摺疊。

③往內壓入。

②重疊0.5cm，
以直針縫縫合。

④縫上細條不織布。

5.加上頭髮

13cm
20根

瀏海

6.加上吊繩

在脖子後側以錐子開孔，
穿過單圈，穿過吊繩，
打結調整長度。

背面

將頭髮剪齊。

五分褲

①布料正面相對縫合。

②車縫褲襠處。

③腰部＆褲腳縫份內摺車縫。

縫上墜飾。

縫上鈕釦。

以羊毛氈戳針戳刺固定頭髮，
再將頭髮剪齊。

以色鉛筆（紅色）
上色，再以指腹
摩擦暈開。

將裝飾緞帶
黏在領口處。

將花片貼在
前方中央。

將蕾絲
圍在腰部，
並以加上緞帶
黏貼固定。

女孩的連身裙

連身裙

縫合連身裙
前後片。

內摺＆
縮縫領口。

內摺＆
車縫裙襬。

材料 ※布料尺寸皆以長×寬表示。

《3個娃娃共通》
身體・手・腳／膚色平織布　15cm×40cm
裙子／印花布料　10cm×30cm
襯裙／寬版織花蕾絲　7cm寬×30cm
棉花・白膠・膚色手縫線・腮紅／適量

《貝蒂》※共通以外的材料
短上衣／印花布料　16cm×10cm
衣領／蕾絲緞帶　約1cm寬×8cm
裙襬毛球花邊／約1cm寬×30cm
髮飾／裝飾花片　2個
頭髮／中細毛線
繡線／粉紅色
代針筆／0.05mm
鞋子／壓克力顏料　粉紅色

10

貝蒂・卡拉・安娜貝兒

PHOTO » P.18-19
PATTERN » P.105
身高 16cm

裁布圖
※3個娃娃共通

身體用膚色平織布

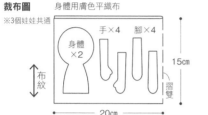

貝蒂的短上衣

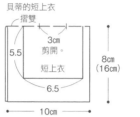

裙子用印花布料
單位cm

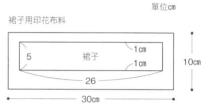

※除了特別指定之外，縫份皆為0.5cm。

作法

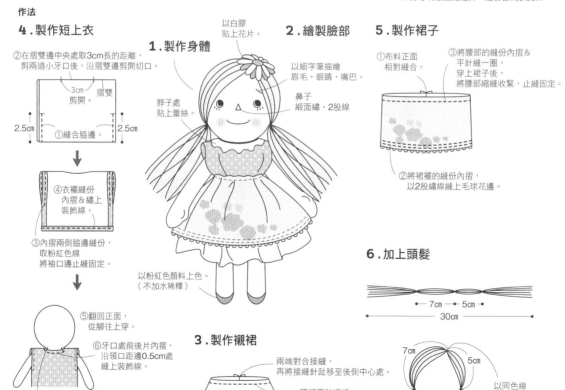

4.製作短上衣

②在摺雙邊中央處取3cm長的距離，剪兩道小牙口後，沿摺雙邊剪開切口。

①縫合脇邊

④衣襬縫份內摺&繡上裝飾線。

③內摺兩側脇邊縫份，取粉紅色線將袖口邊止縫固定。

⑤翻回正面，從腳往上穿。

⑥牙口處前後片內摺，沿領口邊0.5cm處縫上裝飾線。

⑦從脖子兩旁將衣服的前片&後片止縫固定於身體。

1.製作身體

以白膠貼上花片。

脖子處貼上蕾絲。

以細字筆描繪眉毛・眼睛・嘴巴。

鼻子緞面繡・2股線

以粉紅色顏料上色。（不加水稀釋）

2.繪製臉部

3.製作襯裙

兩端對合接縫，再將接縫針趾移至後側中心處。

腰部平針縮縫&收緊固定於腰部。

5.製作裙子

①布料正面相對縫合。

③將腰部的縫份內摺&平針縫一圈，穿上裙子後，將腰部縮縫收緊，止縫固定。

②將裙襬的縫份內摺，以2股繡線縫上毛球花邊。

6.加上頭髮

7cm — 5cm
30cm

7cm / 5cm

以同色線止縫頭髮，並在多處以白膠加強黏合。

《卡拉》※共通以外的材料
裝飾衣領／蕾絲緞帶　約1cm寬×13cm
頭髮／羊毛條　淺褐色　2至3g
眼睛／鈕釦　直徑0.7cm　2個
繡線／紅色
代針筆／0.05mm
鞋子／壓克力顏料　黑色
羊毛氈戳針
毛皮條／1cm寬×5cm

《安娜貝兒》※共通以外的材料
肩部蕾絲／約7cm×12cm
髮飾・花束／人造花　少許
蠟紙・麻繩／少許
頭髮／羊毛條　褐色　3至4g
眼睛／不織布　白色　直徑0.8cm　2片
　　　　　　　綠色　直徑0.6cm　2片
繡線／黑色
眼睛／拼布專用線　白色・綠色
鞋子／壓克力顏料　綠色
羊毛氈戳針

裁布圖

※卡拉・安娜貝兒共通

6　裙子　10cm　布紋
26
30cm

裙子　※卡拉・安娜貝兒共通

裙子作法

②將腰部的縫份內摺＆平針縫，
穿上裙子後，將腰部收緊＆與身體縫牢。

①裙襬縫份內摺，車縫裝飾線。

卡拉的胸前裝飾
皮毛條
1cm
4cm
捲繞成球形，止縫於胸前。

卡拉
眉毛・嘴巴　細字筆
鈕釦眼睛

※襯裙＆裙子的作法
與貝蒂相同。

安娜貝兒
眉毛・眼睫毛・鼻子・嘴巴
繡線（黑色）
1股線

不織布眼睛

安娜貝兒的花束

修剪人造花並收攏成一束，
以包裝紙包捲＆繫上麻繩。

將兩手縫在一起。

上色。
（不加水稀釋）

上色。
（不加水稀釋）

卡拉的頭髮
羊毛條1g
30cm

前　　　後

取1g羊毛條揉成圓蓬狀，
視整體平衡放在頭上，
並以戳針戳刺固定。

將羊毛條捲成
螺旋狀，
並以戳針戳刺固定，
使頭部不露出空隙。

安娜貝兒的頭髮
羊毛條3至4g
45cm

8cm

以羊毛氈戳針
戳刺固定
8cm左右。

以羊毛條捲
繞出側邊的丸子頭，
並以羊毛氈戳針
戳刺固定。

另一側作法亦同。

11
阿鈴

PHOTO » P.20
PATTERN » P.105
身高 15cm（包含帽子）

材料 ※布料尺寸皆以長×寬表示。

身體／膚色平織布　12cm×40cm
連身裙／印花布　11cm×22cm
帽兜／素色布料　20cm×8cm
襯褲／蕾絲　6cm寬×14cm
衣領／蕾絲飾帶　0.8cm寬×12cm
頭髮／毛線　馬海毛

色鉛筆／粉紅色
繡線／粉紅色
細字筆／0.05mm
別針／1個
鞋子／壓克力顏料　綠色
棉花・白膠／適量

裁布圖

身體用膚色平織布

布紋

身體
×2

腳×4　手×4

12cm

摺雙

20cm
（40cm）

連身裙用印花布

連身裙
×2

11cm

摺雙

11cm
（22cm）

帽兜用素色布料

摺雙

帽兜
×1

0.5cm

10cm
（20cm）

8cm

※除了特別指定之外皆無縫份。

作法

2.製作襯褲

①對摺，縫合兩端作成圈狀。
②腰部內摺1cm，平針縮縫。
③穿上襯褲後，將腰部收緊固定。
④車縫褲襠。

3.製作連身裙

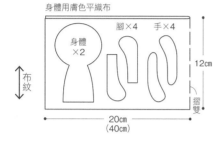

①預留袖口，縫合兩脇邊。
②翻回正面，衣襬內摺1cm，車縫裝飾線。
③將手從袖口處伸出，穿上衣服。
④領口處內摺1cm後平針縮縫，並與身體脖子止縫固定。

0.5cm　0.5cm

4.製作帽兜

前　後

①車縫後中心線。

0.5cm

②翻回正面，內摺前側&下緣縫份1cm，壓線車縫固定。

1.製作身體

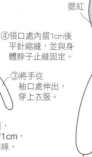

腮紅

色鉛筆
粉紅色

上色。
（不加水稀釋）

7.完成！

在背部縫上別針。

5.加上頭髮

馬海毛
（20根）

10cm

①將髮束繞圓放在額心處。
②以羊毛氈戳針戳刺固定，並在多處以白膠加強黏合。

6.戴上帽子

①在兩側抽皺褶&接縫固定。
②整圈塗上白膠黏合固定。
③縫上蕾絲飾帶。

12
蕾拉

PHOTO » P.21
PATTERN » P.105

身高 31cm（含帽子）

材料 ※布料尺寸皆以長×寬表示。

身體／膚色平織布　22cm×60cm
連身裙／綠色格子布　22cm×50cm
　　　　印花布　22cm×25cm
襯褲／棉布　15cm×30cm
帽兜／表布　22cm×30cm
　　　　裡布　22cm×30cm
蕾絲緞帶　60cm
頭髮／毛線　馬海毛

花朵髮飾

鞋子／壓克力顏料　綠色
繡線／粉紅色
代針筆／Copic Multi Liner
　　　　黑色・綠色　0.1cm
色鉛筆／粉紅色
鈕釦／直徑1.5cm　2個
棉花・腮紅／適量

裁布圖

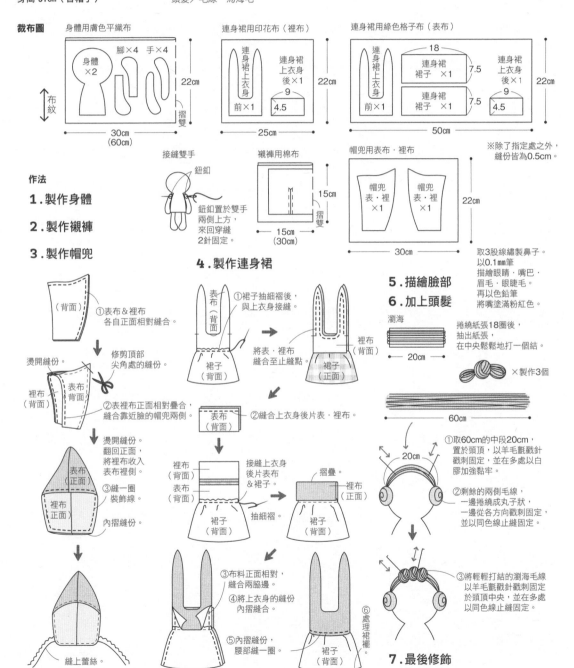

身體用膚色平織布

身體×2　腳×4　手×4
22cm
布紋
30cm
(60cm)
摺雙

連身裙用印花布（裡布）

連身裙上衣身前×1
連身裙上衣身後×1
9
4.5
22cm
25cm

連身裙用綠色格子布（表布）

連身裙上衣身前×1
18
連身裙裙子×1　7.5
連身裙裙子×1　7.5
連身裙上衣身後×1
9
4.5
22cm
50cm

※除了指定處之外，縫份皆為0.5cm。

作法

1.製作身體

2.製作襯褲

3.製作帽兜

接縫雙手
鈕釦
鈕釦置於雙手兩側上方，來回穿縫2針固定。

襯褲用棉布
15cm
15cm
(30cm)
摺雙

帽兜用表布・裡布
帽兜表・裡×1
帽兜表・裡×1
22cm
30cm

4.製作連身裙

表布（背面）
①表布＆裡布各自正面相對縫合。

燙開縫份。
修剪頂部尖角處的縫份。

裡布（背面）　表布（背面）

表布（正面）
裡布（正面）

②表裡布正面相對疊合，縫合靠近臉的帽兜兩側。

燙開縫份。
翻回正面，將裡布收入表布裡側。

③縫一圈裝飾線。

內摺縫份。

縫上蕾絲。

①裙子抽細褶後，與上衣身接縫。

表布（背面）
裙子（背面）

裡布（背面）

裙子（正面）

將表・裡布縫合至止縫點。

②縫合上衣身後片表・裡布。

表布（背面）

裡布（背面）
表布（背面）
裙子（背面）
抽細褶

接縫上衣身後片表布＆裙子。

摺疊
裡布（正面）
裙子（背面）

③布料正面相對，縫合兩脇邊。

④將上衣身的縫份內摺縫合。

⑤內摺縫份，腰部縫一圈。

⑥處理裙襬。

裙子（背面）

5.描繪臉部

6.加上頭髮

取3股線繡製鼻子。
以0.1mm筆描繪眼睛、嘴巴・眉毛・眼睫毛。
再以色鉛筆將嘴塗滿粉紅色。

瀏海
20cm
捲繞紙張18圈後，抽出紙張，在中央鬆鬆地打一個結。
×製作3個

60cm

①取60cm的中段20cm，置於頭頂，以羊毛氈戳針戳刺固定，並在多處以白膠加強黏牢。

20cm

②剩餘的兩側毛線，一邊捲繞成丸子狀，一邊從各方向戳刺固定，並以同色線止縫固定。

③將輕輕打結的瀏海毛線以羊毛氈戳針戳刺固定於頭頂中央，並在多處以同色線止縫固定。

7.最後修飾

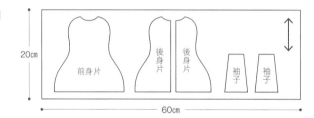

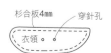

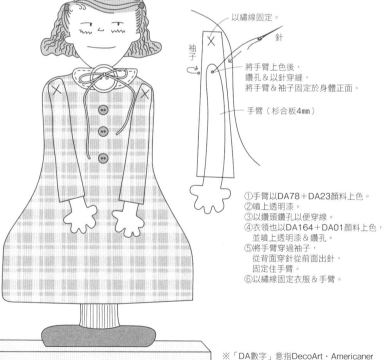

13

蘇西・朵麗

PHOTO » P.22-23
PATTERN » P.106
身高 27cm

材料 ※布料尺寸皆以長×寬表示。

連身裙／府綢　20cm×60cm
本體／松木材　長200×寬140×厚18mm
手／杉合板　長130×寬130×厚4mm
底座／赤松　長450×寬165×高4mm
大鈕釦／直徑1.8cm　1個
鈕釦／3個
木工用螺絲／2.3cm　2根
風箏線／20cm
萬能膠
鐵絲（結束線＃21）／2根

壓克力顏料

※DA：DecoArt・Americaner

手・臉／DA78＋DA23
衣服／DA169＋DA18
衣服圖紋／DA30
襪子・衣領／DA164＋DA01
鞋子／DA67
頭髮／DA09、DA201＋DA09
眼睛／DA39
髮飾・草稿線／DA85
腮紅／DA292

代針筆／黑色　0.05
透明漆（消光噴霧）
模板紙
WATCO OIL木器塗飾油（胡桃色）

裁布圖

20cm

前身片　後身片　後身片　袖子　袖子

60cm

蘇西

作法

※本體作法參見P.83。

1. 接縫連身裙身片

①後身片接縫至止縫點。
②前身片＆後身片正面相對縫合。
③衣領周圍內摺後平針縫。
④下襬平針縫。

2. 製作袖子

袖子正面相對縫合後，
翻回正面將袖口平針縫。

3. 裝上手臂

以繡線固定。

針

袖子

將手臂上色後，
鑽孔＆以針穿縫，
將手臂＆袖子固定於身體正面。

手臂（杉合板4mm）

①手臂以DA78＋DA23顏料上色。
②噴上透明漆。
③以鑽頭鑽孔以便穿線。
④衣領也以DA164＋DA01顏料上色，
　並噴上透明漆＆鑽孔。
⑤將手臂穿過袖子，
　從背面穿針從前面出針，
　固定住手臂。
⑥以繡線固定衣服＆手臂。

4. 穿上連身裙

將本體穿上連身裙，從後方縫合。

5. 在衣領上黏貼鈕釦

以熱熔槍或萬能膠
將鈕釦貼在衣領上，
再以風箏線打蝴蝶結黏上。

杉合板4mm　穿針孔

衣領

※「DA數字」意指DecoArt・Americaner
　（壓克力顏料）的色號。

朵麗

作法

1. 製作身體
①以線鋸裁切身體・手臂・底座。
②以砂紙打磨切口＆銳角處。

2. 上色
①將各身體部位畫上草圖。
②臉部以外的線條，以水將DA85顏料稀釋五倍後進行描繪。
③為臉・衣服・襪子・腳上色。
④以模板在衣服上蓋印波浪紋。

4. 裝上手臂
①在本體＆手臂上穿孔，以便讓鐵絲穿過。

6. 固定在底座上
①在底座上鑽出定位孔，以白膠將底座＆本體黏合。
②待白膠乾燥後，從底下將螺絲鎖入固定。
※依喜好塗上WATCO OIL木器塗飾油，再以破布推抹均勻。
※取風箏線打蝴蝶結，以熱熔槍或萬能膠黏貼固定。
※依喜好讓娃娃拿著花籃。

3. 製作臉部
①頭髮以DA09顏料上色。
②在①上以DA201＋DA09暈開上色。
③以鐵筆加上眼睛，以乾燥刷子刷上腮紅。
④以細字筆畫上眉毛・鼻子・頭髮線條・衣領線條・襪子線條。
⑤以美工刀劃出臉頰＆嘴巴線條。

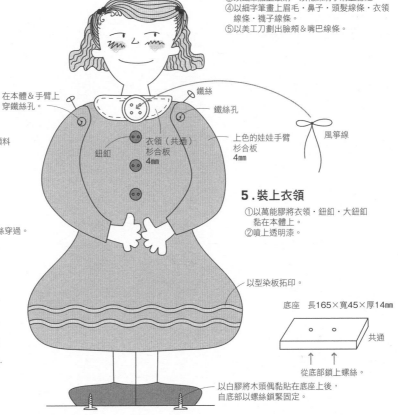

在本體＆手臂上穿鐵絲孔。

鐵絲

鐵絲孔

上色的娃娃手臂 杉合板 4mm

風箏線

衣領（共通）杉合板 4mm

鈕釦

5. 裝上衣領
①以萬能膠將衣領・鈕釦・大鈕釦黏在本體上。
②噴上透明漆。

以型染板拓印。

底座　長165×寬45×厚14mm

共通

從底部鎖上螺絲。

以白膠將木頭偶黏貼在底座上後，自底部以螺絲鎖緊固定。

※「DA數字」意指DecoArt・Americaner（壓克力顏料）的色號。

材料
娃娃用麥稈帽子／直徑12cm
皮繩／0.4cm寬×15cm
乾燥花／適量

以白膠貼上皮繩。

對摺＆以鐵絲或線固定。

放入乾燥花。

←　12cm　→

A　B　C

14

歌妮・莎莉・琪伊絲

PHOTO ≫ P.24
PATTERN ≫ P.106
身高 II.5cm・II.5cm・I4cm

材料 ※3個娃娃共通
本體／松木材　長I50×寬I00×厚I8mm
鈕釦／I個（歌妮2個）
透明漆（噴霧）
Perfect Gel（萬能膠）
壓克力顏料（參見下圖標示）
代針筆／黑色　0.05mm
砂紙／＃320
型染板

壓克力顏料
※參見標示
※DA：DecoArt・Americaner

作法

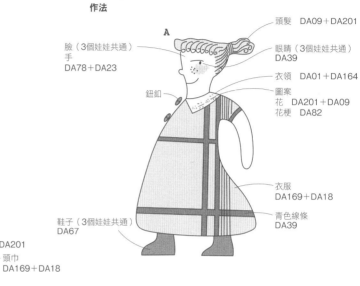

A
臉（3個娃娃共通）
手
DA78＋DA23
鈕釦
頭髮　DA09＋DA201
眼睛（3個娃娃共通）
DA39
衣領　DA01＋DA164
圖案
花　DA201＋DA09
花梗　DA82
衣服
DA169＋DA18
鞋子（3個娃娃共通）
DA67
青色線條
DA39

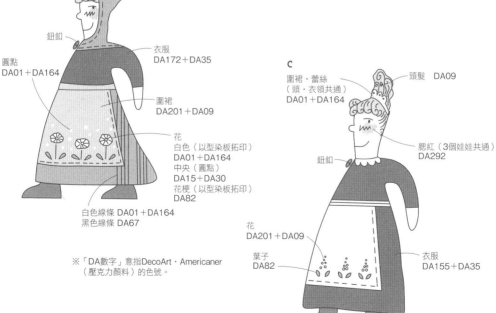

B
頭髮
DA09＋DA201
頭巾
DA169＋DA18
鈕釦
衣服
DA172＋DA35
圓點
DA01＋DA164
圍裙
DA201＋DA09
花
白色（以型染板拓印）
DA01＋DA164
中央（圓點）
DA15＋DA30
花梗（以型染板拓印）
DA82
白色線條 DA01＋DA164
黑色線條 DA67

※「DA數字」意指DecoArt・Americaner
（壓克力顏料）的色號。

C
圍裙・蕾絲
（頭・衣領共通）
DA01＋DA164
頭髮　DA09
腮紅（3個娃娃共通）
DA292
鈕釦
花
DA201＋DA09
葉子
DA82
衣服
DA155＋DA35

※細部黑色線條使用黑色代針筆。

A　B　C

材料 ※布料尺寸皆以長×寬表示。

主體／府綢　30cm×20cm
棉花／適量
壓克力顏料
鈕釦
魔擦筆
透明漆（噴霧）

代針筆／黑色　0.05mm
描圖紙
Perfect Gel（萬能膠）
裝飾繩／阿爾貝魯達…紅色麻繩　15cm
　　　　塔莎…青色繡線　15cm
※DA：DecoArt・Americaner

作法

1.製作身體

①布料正面相對，以鉛筆描繪草圖。
②縫合。
③填入棉花。
④縫合返口，在腳＆本體之間回針縫。

2.上色

※塗顏料時請沿著邊線仔細上色。
　臉＆衣服的花紋請依圖示，先以魔擦筆畫草圖，再行上色。草圖線之後以吹風機加熱即可消失。
※細線條以代針筆繪製。

3.裝上鈕釦

以萬能膠固定鈕釦。

4.最後修飾

噴上透明漆作最後修飾，頭上也綁上裝飾繩。

15

朵露蒂・塔莎阿爾貝魯達

PHOTO » P.25
PATTERN » P.107
身高 18cm・19cm・22cm

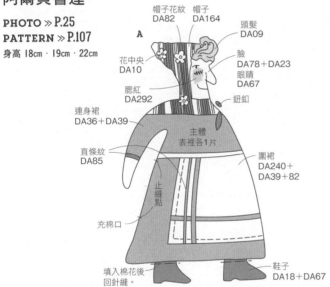

A

帽子花紋 DA82　帽子 DA164
頭髮 DA09
花中央 DA10
臉 DA78＋DA23
眼睛 DA67
腮紅 DA292
鈕釦
連身裙 DA36＋DA39
直條紋 DA85
主體 表裡各1片
圍裙 DA240＋DA39＋82
止縫點
充棉口
填入棉花後回針縫。
鞋子 DA18＋DA67

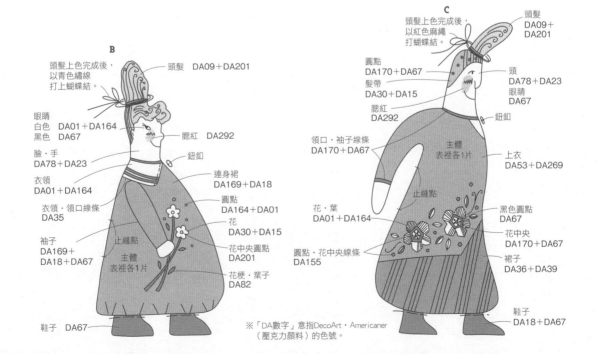

B

頭髮上色完成後，以青色繡線打上蝴蝶結。
頭髮　DA09＋DA201
眼睛
白色　DA01＋DA164
黑色　DA67
臉・手 DA78＋DA23
衣領 DA01＋DA164
衣領・領口線條 DA35
袖子 DA169＋DA18＋DA67
腮紅　DA292
鈕釦
連身裙 DA169＋DA18
圓點 DA164＋DA01
花 DA30＋DA15
花中央圓點 DA201
止縫點
主體 表裡各1片
花梗・葉子 DA82
鞋子　DA67

C

頭髮上色完成後，以紅色麻繩打蝴蝶結。
頭髮 DA09＋DA201
圓點 DA170＋DA67
髮帶 DA30＋DA15
腮紅 DA292
頭 DA78＋DA23
眼睛 DA67
鈕釦
領口・袖子線條 DA170＋DA67
主體 表裡各1片
上衣 DA53＋DA269
止縫點
花・葉 DA01＋DA164
圓點・花中央線條 DA155
黑色圓點 DA67
花中央 DA170＋DA67
裙子 DA36＋DA39
鞋子 DA18＋DA67

※「DA數字」意指DecoArt・Americaner（壓克力顏料）的色號。

A B C

16

娃娃胸針

PHOTO ≫ P.26
PATTERN ≫ P.107

身高 11cm

材料 ※布料尺寸皆以長×寬表示。

《A·B·C共通》
身體／原色平織布　20cm×7cm
棉花·腮紅／適量

《A》
衣服／羊毛片　水藍色　8cm×6cm
帽子／表布…印花布　12cm×10cm
　　　裡布…素色布　12cm×10cm
帽子花飾／棉布　水藍色　4cm×4cm
　　　　　布襯　4cm×4cm
頭髮／毛線　Hamanaka馬海毛　col.18
　　　長20cm×15根=1束　共4束
鈕釦／青色　2個
串珠／青色　2個
墜飾／1個
蕾絲／白色　8cm
細緞帶／青色　0.3cm寬×25cm
壓克力顏料／白色·黑色
繡線／黑色·紅褐色·青色
代針筆

《B》
衣服／羊毛片　綠色　8cm×5cm
花朵髮飾／不織布　3cm×6cm
貝蕾帽／棉布　綠色　10cm×10cm
頭髮／毛線　World Festa Casual Tweed
　　　A-575　長30cm×12根
串珠／黑色·綠色　各2個
墜飾／1個　蕾絲／白色　10cm
眼鏡／LEMON股份公司　趣味小配件
繡線／紅褐色·褐色·深青色

《C》
衣服／羊毛片　綠色×點點　10cm×7cm
頭髮／毛線　Hamanaka羊毛氈
　　　DOUX色號6　長48cm×3根
胸花／花邊織帶　5cm
耳環／棉珍珠　大　2個
鍊條／10cm　墜飾／1個
衣領／花邊織帶　水藍色　7cm
頭髮花飾／1個
壓克力顏料／褐色·白色
繡線／褐色·紅褐色

作法

A

直針繡
1股線

以代針筆
描邊。

直針繡
1股線

緞面繡
2股線

壓克力顏料
白色·黑色

回針繡
1股線

B

直針繡
1股線

鎖鏈繡
2股線

回針繡
1股線

直針繡
1股線

緞面繡
1股線

鼻子的刺繡方法

③　①
④　②
⑤

嘴巴的刺繡方法

C

直針繡
1股線

壓克力顏料
白色·黑色

緞面繡
2股線

直針繡
1股線

將頭髮於頭部中央&
後方止縫,
並以白膠加強固定。
再視整體平衡
適當修剪髮型,
&戴上耳環。

止縫頭髮,
並將兩側頭髮
止縫固定。

纏捲成丸子頭,
以線止縫固定。

縫上耳環&眼鏡。

使頭髮稍微
往右偏分邊,
兩側頭髮
也止縫固定。

髮束在頭頂交叉&
止縫固定,
再繞捲成丸狀。

作出丸子頭後,
止縫固定髮型,
並戴上耳環。

身體穿上衣服、填入棉花,
再內摺返口縫份&縫合。

縫上蕾絲。

布料正面相對縫合。
返口
衣服
(背面)

翻回正面,
放入身體,
填塞棉花。

縫上墜飾

縫上蕾絲。

在內側塗上白膠黏合。

腮紅　前　後

縫上鈕釦
&墜飾。

貼布縫。

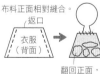
貝蕾帽
背面

縫份內摺
0.5cm,
平針縮縫。

在花朵內圈
平針縮縫後,
中央處縫上串珠。

返口
衣服(背面)

預留返口縫合,
在圓弧處剪牙口。

翻回正面,放入身體,
再填入棉花&以直針縫縫牢。
戴上項鍊&縫上墜飾。

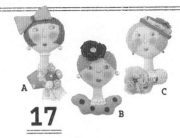

17

包包墜飾

PHOTO ≫ P.27
PATTERN ≫ P.108

身高 14cm

材料 ※布料尺寸皆以長×寬表示。

《A・B・C共通》
身體／原色平織布　26cm×10cm
棉花・腮紅／適量

《A》
衣服／印花棉布　10cm×8cm
蝴蝶結／棉布　粉紅色　10cm×8cm
YOYO拼布小花／
　亞麻布　粉紅色　10cm×5cm
　　　　　白色・綠色・黃綠色　各5cm×5cm
　珍珠　白色　5個
頭髮／毛線　DARUMA iroiro No.8　適量
耳環／（中）珍珠　粉紅色　2個
鈕釦／白色　1個
衣領／蕾絲　原色　10cm
胸花／蕾絲　白色　10cm
項鍊／花邊帶　6cm
小鳥墜飾／1個
繡線／褐色・水藍色・紅褐色・深青色

《B》
衣服／亞麻布　深黃色　20cm×11cm
花飾・圓點／素色棉布　黑色　8cm×20cm
布襯／少許
頭髮／毛線　DARUMA iroiro No.6　適量
鈕釦／黃色　1個
耳環／棉珍珠（中）　2個
項鍊／珍珠　7個
蕾絲／白色　5cm
繡線／黑色・白色・紅色・褐色

《C》
衣服・側帽身／印花棉布　10cm×22cm
側帽身・帽頂・帽頂花飾／
　素色棉布　橘色　11cm×22cm
胸花／亞麻布　原色　10cm×13cm
頭髮／毛線　DARUMA iroiro No.4　適量
耳環／串珠　綠色　2個
蕾絲／4cm
繡線／綠色・紅褐色・粉紅色・黃綠色
　　　深青色・橘色・白色

作法

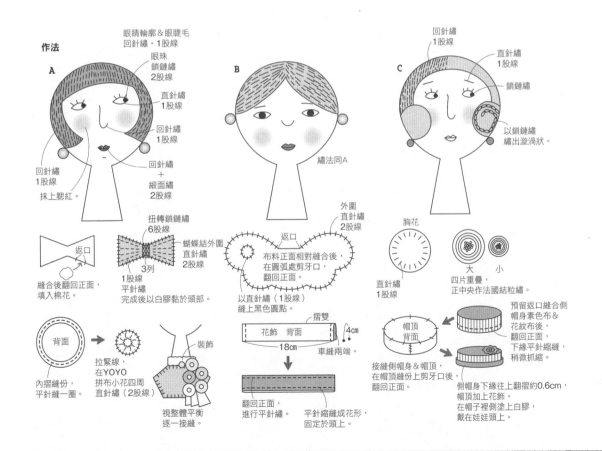

材料 ※布料尺寸皆以長×寬表示。
身體／原色薄平織布　14cm×30cm
連身裙／布料　15cm×15cm
裝飾帶／8cm
車縫線／原色60號
紅茶茶包／2個
鹽／少許
頭髮／極細毛線　淡黃色
不織布／各色　8cm×15cm
鼻子／繡線　橙色
鈕釦／黃色・紅色
油性筆／細字　紅色
水性顏料筆／褐色　0.1mm
色鉛筆／紅色
別針／約2cm

別針底襯／不織布　水藍色　1.5cm×1.5cm
手縫線／紅色・白色
白膠・棉花／適量

各布偶的配色
香蕉／不織布（黃色）
　　　帽子用繡線（淡綠色・黃色）
　　　眼睛（綠色）
橘子／不織布（橙色）
　　　帽子用繡線（橙色・淡綠色）
　　　眼睛（水藍色）
桃子／不織布（桃色）
　　　帽子用繡線（黃色・淡綠色・桃色）
　　　眼睛（褐色）
哈密瓜／不織布（草綠色）
　　　帽子用繡線（黃色・淡綠色）
　　　眼睛（淺綠色）
草莓／不織布（紅色）
　　　帽子用繡線（黑色・淡綠色・紅色）
　　　眼睛（深綠色）

18

水果帽娃娃

PHOTO » P.28
PATTERN » P.109
身高 15cm

裁布圖

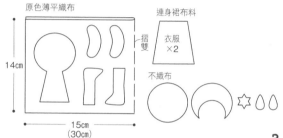

原色薄平織布　　　連身裙布料

14cm

15cm
(30cm)

作法

1.製作身體

布料正面相對對摺，依紙型完成線車縫身體輪廓後，
外加縫份剪下。

在胸口上畫愛心。

以白膠貼上碎布。

手臂內側剪牙口，填入棉花，再以碎布黏合。

2.描繪臉部

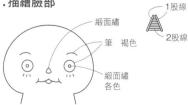

緞面繡
筆　褐色
緞面繡
各色

1股線
2股線

3.製作連身裙&帽子

①縫合連身裙兩脇邊後翻回正面。

⑤以毛邊繡縫合帽子。
戴上之前，以手指伸進
帽子內側調整形狀。

④以毛線捲繞手指5圈，
再將毛圈根部
止縫於額頭處。

②領口平針縮縫拉緊，
將皺褶收在後側，
再黏上裝飾緞帶。

③穿縫手&
身體2次，
在始縫的
另一側
打結固定。

⑥以白膠將縫上
別針的不織布
黏在背上。

縫上橘子&草莓帽的
蒂葉&鈕釦

以回針縫為桃子縫上葉子。

19

成對胸針 &
貓咪娃娃

PHOTO » P.29
PATTERN » P.108-109
身高 8cm

材料 ※布料尺寸皆以長×寬表示。

《成對娃娃》
身體／原色薄平織布　11cm×36cm
女孩連身裙／布料　10cm×10cm
男孩短上衣／布料　5cm×10cm
男孩褲子／布料　5cm×5cm
車縫線／原色60號
紅茶茶包／1個
鹽／少許
不織布／粉紅色　6cm×6cm
　　　　紅色　2.5cm×7cm
　　　　深綠色　6cm×7cm
　　　　墨綠色　7cm×0.7cm
油性筆／細字　紅色
繡線／水藍色・綠色
壓克力顏料／焦褐色・紅色・綠色
水性顏料筆／褐色　0.1mm
色鉛筆／紅色・綠色・青色

領巾／布料　4cm×16cm
別針／約2cm
別針底襯／不織布　水藍色　1.5cm×1.5cm
手縫線／紅色・白色
白膠・棉花／適量

《貓咪娃娃》
身體／原色薄平織布　11cm×13cm
短上衣／布料　5cm×5cm
褲子／布料　5cm×3cm
耳朵／布料　黑色　3cm×3.5cm
別針底襯／不織布　紅色　1.5cm×1.5cm
壓克力顏料／焦褐色・白色
鬍子／白線　40號
水兵帶／紅色
※其他均與成對娃娃相同。

作法

1.製作身體

布料正面相對對摺，
沿完成線縫合後，
外加縫份剪下。

在背部中央剪牙口，
以螃蟹匙等工具輔助，
翻回正面。

以白膠貼上碎布。

填入棉花。

裁布圖

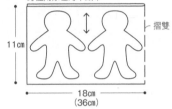

身體用原色薄平織布

11cm

摺雙

18cm
(36cm)

2.上色

色鉛筆

水性顏料筆
褐色

色鉛筆
紅色
以手指摩擦暈開。

紅色油性筆
在胸口上畫愛心。

繪製鞋子。

3.穿上衣服

①依紙型剪下衣服
（不須外加縫份）
以白膠貼上。

②將抵住脖子的
領巾布邊內摺0.5cm，
以白膠貼合。

女孩
以白膠貼上。
短上衣

防綻液
以白膠貼上。
以白膠作為防綻液。

男孩
短上衣
不織布腰帶
褲子

內摺5mm

領巾　以白膠貼上。

帽子

別針
不織布

③以毛線將頭髮止縫固定於
頭頂中心偏左處，
並以羊毛氈戳針戳刺固定。

④將帽子外圍的抓皺邊
縫上一圈細條不織布，
再以白膠貼在頭上。

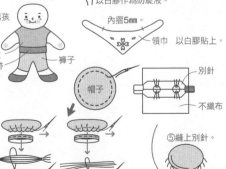

⑤縫上別針。

以白膠
貼上。

貓咪娃娃作法

1.製作身體

從背上的牙口
翻回正面。

縫出手腳貼合處
的線條。

2.貼上衣服 & 繪製臉部

貼上布料。

以紅色筆
在胸口上
畫愛心。

以水性顏料筆
褐色0.1mm
繪製臉部。

貼上水兵帶。

以白膠黏牢
鬍子的根部。

3.上色

繪製鈕釦。

繪製鞋子。

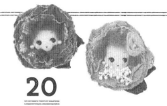

20

小花仙胸花

PHOTO ≫ P.30
PATTERN ≫ P.110
直徑　約9cm

材料　※布料尺寸皆以長×寬表示。
花／棉麻印花布　22cm×26cm
臉／膚色平織布　直徑7cm圓形
頭髮／羊毛條　少許
棉花／少許
厚紙／直徑3.5cm圓形
厚布襯／直徑4cm圓形

裝飾／蕾絲・蕾絲花・緞帶・珍珠等
鐵絲緞帶／2.5cm寬　綠色　28cm
不織布／直徑5cm圓形
兩用髮夾胸針底座／1個
壓克力顏料／黑色・褐色・紅色・白色
水彩筆・白膠

裁布圖

22cm ┊ 26cm

適當地排列紙型，
剪下6至8片花瓣。

作法

1.製作白膠液

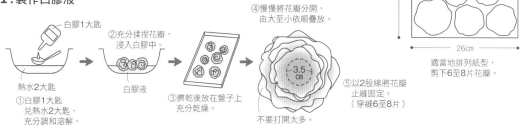

白膠1大匙
②充分揉捏花瓣，
浸入白膠中。
④慢慢將花瓣分開，
由大至小依順疊放。
熱水2大匙
①白膠1大匙
兌熱水2大匙，
充分調和溶解。
白膠液
③擠乾後放在盤子上
充分乾燥。
3.5cm
⑤以2股線將花瓣
止縫固定。
（穿縫6至8片）
不要打開太多。

2.製作胸針台

直徑7cm
膚色平織布
②平針縫一圈。
膚色平織布
厚布襯
棉花
直徑4cm
圓形
0.5
厚紙
①在臉用平織布
背面中心處
貼上厚布襯。
③平針縮縫，
一邊縮口一邊填入
棉花＆放上厚紙，
再確實拉緊縫線止線固定。
④疊放在步驟1的花朵中央，
接縫固定。

3.描繪臉部

以白膠貼上羊毛條頭髮。
①以壓克力顏料
描繪臉部。
②貼上蕾絲花。
褐色
珍珠
褐色
白色
黑色
桃色
紅色
（紅色＋白色）
緞帶蕾絲等

4.製作葉子

鐵絲緞帶剪成15cm、
13cm兩段，依右圖所
示作法製作大・小葉
片。

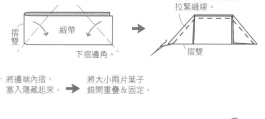

緞帶
摺雙
下摺邊角。
在末端處平針粗縫，
拉緊縫線。
摺雙
抽皺＆止縫固定。
重疊後將兩片展開。

將邊端內摺，
塞入隱藏起來。
將大小兩片葉子
錯開重疊＆固定。

5.組合

依圖示順序
以白膠或熱熔槍黏合。

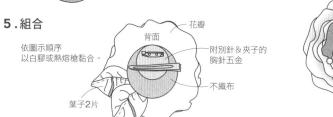

花瓣
背面
附別針＆夾子的
胸針五金
不織布
葉子2片

21
新生兒寶寶吊飾

PHOTO ≫ P.31
身高 約7.5cm

材料 ※布料尺寸皆以長×寬表示。

頭部／膚色平織布　5.5cm×10.5cm
衣服／雙層紗布　5.5cm×10.5cm
帽子／布料　5.5cm×9cm
　　　細版蕾絲　11cm
包巾／雙層紗布　10cm×10cm
　　　蕾絲布料　10cm×10cm
緞帶／吊耳…0.5cm寬　3cm
　　　脖子裝飾…0.7cm寬　20cm
頭髮／羊毛條　少許
棉花／適量
圓珠鍊或包包掛鍊／1個
代針筆／黑色・青色・褐色・紅色

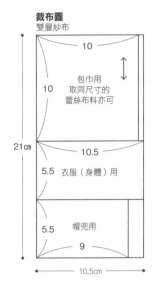

裁布圖
雙層紗布

10

10　包巾用
取同尺寸的
蕾絲布料亦可

21cm

10.5

5.5　衣服（身體）用

5.5　帽兜用

9

10.5cm

作法

1.製作身體

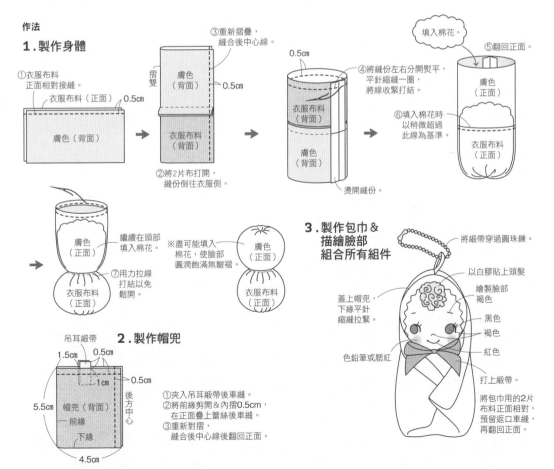

①衣服布料
正面相對接縫。
衣服布料（正面）　0.5cm
膚色（背面）

摺雙
膚色（背面）　0.5cm
衣服布料（背面）

③重新摺疊，
縫合後中心線。

②將2片布打開，
縫份倒往衣服側。

0.5cm
衣服布料（背面）
膚色（背面）
燙開縫份。

④將縫份左右分開熨平，
平針縮縫一圈，
將線收緊打結。

填入棉花。
⑤翻回正面。
膚色（正面）
衣服布料（正面）

⑥填入棉花時
以稍微超過
此線為基準。

膚色（正面）
繼續在頭部
填入棉花。
衣服布料（正面）
⑦用力拉線
打結以免
鬆開。

※盡可能填入
棉花，使臉部
圓潤飽滿無皺褶。
膚色（正面）
衣服布料（正面）

2.製作帽兜

吊耳緞帶
1.5cm　0.5cm
0.5cm
1cm
5.5cm　帽兜（背面）
後方中心
—前緣
—下緣
4.5cm

①夾入吊耳緞帶後車縫。
②將前緣剪開＆內摺0.5cm，
　在正面疊上蕾絲後車縫。
③重新對摺，
　縫合後中心線後翻回正面。

3.製作包巾＆描繪臉部組合所有組件

將緞帶穿過圓珠鍊。
以白膠貼上頭髮
繪製臉部
褐色
黑色
褐色
紅色
蓋上帽兜，
下緣平針
縮縫拉緊。
色鉛筆或腮紅
打上緞帶
將包巾用的2片
布料正面相對，
預留返口車縫，
再翻回正面。

材料 ※長×寬×厚

《共通》

本體／杉合板　130×100×5.5mm

衣領／杉合板　100×100×4mm

不織布鈕釦／1個

別針／1個

壓克力顏料

砂紙＃320

Perfect Gel（萬能膠）

代針筆／黑色　0.05mm

透明漆

型染板

《C連身裙女士》

本體‧衣領／同共通

大鈕釦／1個

府綢／10cm×20cm

平織布／3cm×3cm

布襯／少許

水兵帶／16cm

基本木製胸針作法

❶以線鋸裁好本體＆衣領。

❷以砂紙將邊緣打磨至圓滑。

❸描好圖案再上色。細部則以代針筆描繪

❹以萬能膠貼上衣領＆胸針五金，再噴上透明漆。

❺將不織布鈕釦切半後貼上。

連身裙女士的作法

❶外加0.5cm縫份，裁剪2片衣服。

❷將兩側縫合，摺起衣領，進行平針縫。

❸如下圖所示製作手臂，以白膠依序貼上手＆袖子

❹將木頭偶本體穿上衣服，裝上衣領＆胸針五金，並在胸口加上鈕釦。

22
木製胸針

PHOTO » P.32-33
PATTERN » P.110

身高　　A：10cm
　　　　B‧C：10.5cm
　　　　D：8.5cm

作法

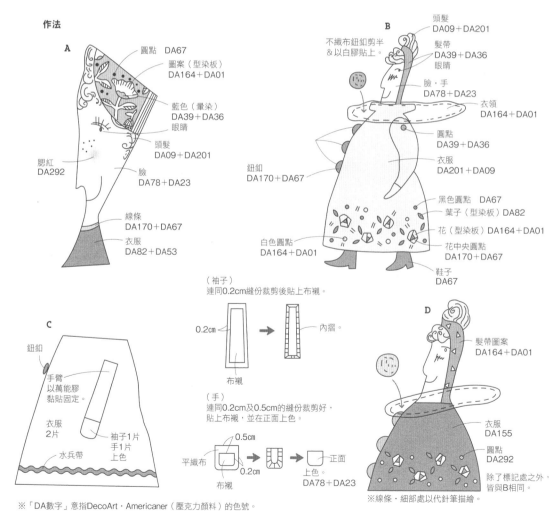

A

圓點　DA67

圖案（型染板）DA164＋DA01

藍色（暈染）DA39＋DA36

眼睛

頭髮 DA09＋DA201

腮紅 DA292

臉 DA78＋DA23

線條 DA170＋DA67

衣服 DA82＋DA53

B

頭髮 DA09＋DA201

不織布鈕釦剪半＆以白膠貼上。

髮帶 DA39＋DA36

眼睛

臉‧手 DA78＋DA23

衣領 DA164＋DA01

圓點 DA39＋DA36

衣服 DA201＋DA09

鈕釦 DA170＋DA67

黑色圓點　DA67

葉子（型染板）DA82

白色圓點 DA164＋DA01

花（型染板）DA164＋DA01

花中央圓點 DA170＋DA67

鞋子 DA67

C

鈕釦

手臂 以萬能膠黏貼固定。

衣服 2片

袖子1片 手1片 上色

水兵帶

D

髮帶圖案 DA164＋DA01

衣服 DA155

圓點 DA292

除了標記處之外，皆與B相同。

※線條‧細部處以代針筆描繪。

（袖子）
連同0.2cm縫份裁剪後貼上布襯。

0.2cm　→　內摺。

布襯

（手）
連同0.2cm及0.5cm的縫份裁剪好，貼上布襯，並在正面上色。

0.5cm

平織布　0.2cm　布襯　→　正面 上色。DA78＋DA23

※「DA數字」意指DecoArt‧Americaner（壓克力顏料）的色號。

23

雙胞胎天使
裝飾品

PHOTO » P.33
PATTERN » P.110

身高 11cm

材料 ※長×寬×厚
本體・愛心／杉合板　120×150×5.5mm
手臂／杉合板　60×60×4mm
鐵絲（結束線）／＃21　4根
壓克力顏料
透明漆（噴霧）
鈕釦／2個
代針筆／黑色　0.05mm
模板紙

作法
※參見P.92「基本木製胸針作法」

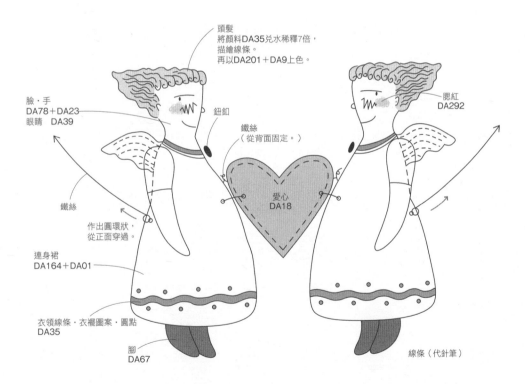

頭髮
將顏料DA35兌水稀釋7倍，
描繪線條。
再以DA201＋DA9上色。

臉・手
DA78＋DA23
眼睛　DA39

鈕釦

鐵絲
（從背面固定。）

腮紅
DA292

鐵絲

作出圓環狀，
從正面穿過。

愛心
DA18

連身裙
DA164＋DA01

衣領線條・衣襬圖案・圓點
DA35

腳
DA67

線條（代針筆）

※「DA數字」意指DecoArt・Americaner（壓克力顏料）的色號。

A　B　C

24

時髦三姊妹
包包墜飾

PHOTO » P.34
PATTERN » P.111
身高 11cm

材料 ※布料尺寸皆以長×寬表示。

身體／膚色平織布　12cm×14cm
衣服／圓點＆花紋的印花碎布
緞帶／2cm寬×12cm
脖圍裝飾／花邊織帶　0.8cm寬×10cm
項鍊／圓珠鍊
墜飾／狗・眼鏡・花
頭髮／毛線　黃色・土黃色・褐色

包包墜飾
眼睛／薄不織布　少許
拼布專用線／橘色・粉紅色・黑色
縫線／與毛線同色
棉花／適量
代針筆／0.05mm
防綻液

裁布圖

2cm
身體×2　摺雙
7cm
(14cm)

接縫喜歡的布料，
作成2片8cm×8cm的布。
8cm
8cm

作法

1.製作身體

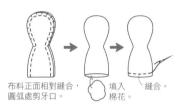

布料正面相對縫合，
圓弧處剪牙口。
填入
棉花。
縫合。

2.製作衣服

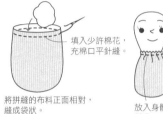

填入少許棉花，
充棉口平針縫。

將拼縫的布料正面相對，
縫成袋狀。

放入身體，
縫合。

脖子周圍
加上花邊織帶。

縫上緞帶。

3.加上頭髮

30根　編三股辮。
15cm　5cm　15cm

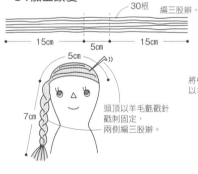

5cm
7cm
頭頂以羊毛氈戳針
戳刺固定，
兩側編三股辮。

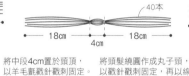

編三股辮。
40本
18cm　4cm　18cm

將中段4cm置於頭頂，
以羊毛氈戳針戳刺固定。

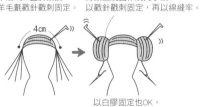

4cm

將頭髮繞圓作成丸子頭，
以戳針戳刺固定，再以線縫牢。

以白膠固定也OK。

編三股辮。　打結
60cm

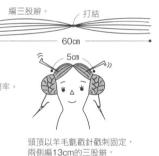

5cm

頭頂以羊毛氈戳針戳刺固定，
兩側編13cm的三股辮，
捲圓後以線縫牢。

4.描繪臉部

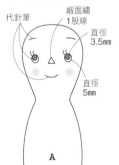

代針筆
緞面繡
1股線
直徑
3.5mm
直徑
5mm

A

輪廓繡
1股線
黑色
不織布
直徑4.5mm

B

代針筆
緞面繡

C

HOW TO MAKE

材料 ※布料尺寸皆以長×寬表示。

刺繡織帶／2cm寬×7cm

領圍／蕾絲　0.5cm寬×10cm

鈕釦／直徑0.7cm　各1個
　　　黃色・黑色・藍色

髮飾／花片

頭髮／中細毛線
　　　橘色・紅褐色・黃色

B・C裙子／刺繡織帶
　　　　　3cm寬×16cm

裡褲／棉布　3cm × 8cm

繡線／粉紅色

別針／各1個

代針筆／0.05mm

棉花／適量

裁布圖・製圖

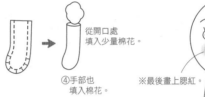

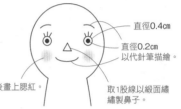

25

超迷你娃娃的可愛胸針

PHOTO ≫ P.35
PATTERN ≫ P.111
身高 9cm

作法

1.製作身體

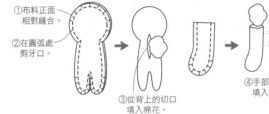

①布料正面相對縫合。
②在圓弧處剪牙口。
③從背上的切口填入棉花。
④手部也填入棉花。
從開口處填入少量棉花。

2.描繪臉部 ※A・B・C共通

直徑0.4cm
直徑0.2cm
以代針筆描繪。
※最後畫上腮紅。
取1股線以緞面繡繡製鼻子。

3.加上頭髮

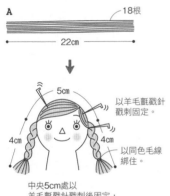

A 18根　22cm
以羊毛氈戳針戳刺固定。
以同色毛線綁住。

中央5cm處以羊毛氈戳針戳刺後固定，剩餘頭髮編三股辮。

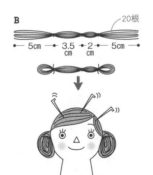

B 20根　5cm→3.5cm→2cm→5cm
兩端捲圓後以同色毛線綁好，放在頭上，以羊毛氈戳針戳刺固定，再於多處以白膠加強黏合。

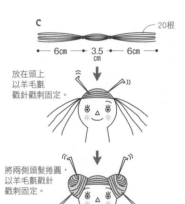

C 20根　6cm→3.5cm→6cm
放在頭上以羊毛氈戳針戳刺固定。
將兩側頭髮捲圓，以羊毛氈戳針戳刺固定。

4.製作裡褲

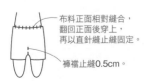

布料正面相對縫合，翻回正面後穿上，再以直針縫止縫固定。
褲襠止縫0.5cm。

5.製作裙子

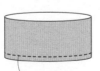

A裙襬縫份內摺車縫，穿上裙子，將腰部縫份內摺，平針縮縫固定。
B・C使用刺繡織帶製作，所以不需處理裙襬。

6.製作袖子

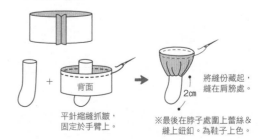

背面
平針縮縫抓皺，固定於手臂上。
將縫份藏起，縫在肩膀處。
2cm
※最後在脖子處圍上蕾絲＆縫上鈕釦。為鞋子上色。

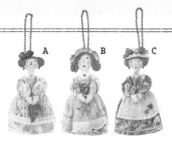

26

女僕造型
胸針&墜飾

PHOTO » P.36-37
PATTERN » P.111
身高 15cm

材料 ※布料尺寸皆以長×寬表示。

《A・B・C共通》
身體／原色平織布　20cm×15cm
襯褲／素色棉布　18cm×9cm
　　　蕾絲　16cm
圍裙／薄棉布　8cm×15cm
棉花・腮紅／適量

《A》
連身裙／花紋棉布　32cm×17cm
帽子／尼龍布　黑色　6cm×4cm
花朵／不織布　紅色　3cm×7cm
串珠　白色　3個
心形迷你靠墊／素色棉布
　　　　　　　紅色　10cm×4cm
頭髮／藤久wister馬海毛　粗　深褐色　適量
衣領／蕾絲　白色　6cm
　　　串珠　粉紅色　1個
圍裙／蕾絲　14cm
　　　鈕釦　白色　2個
耳環／串珠　紅色　2個
壓克力顏料／褐色・白色・黑色
繡線／褐色・紅褐色・白色・黑色

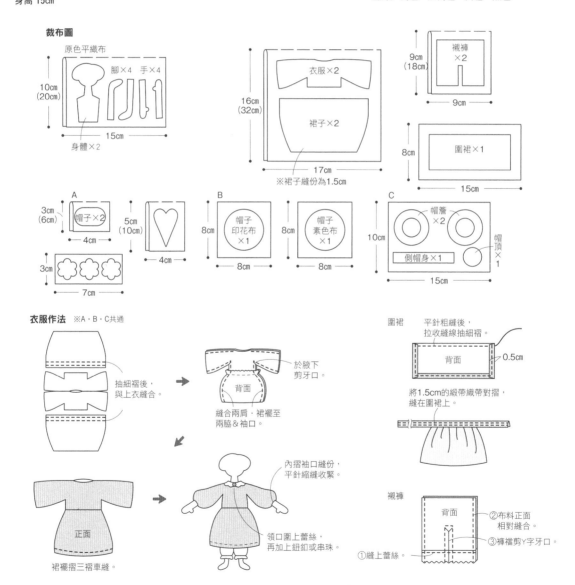

裁布圖

原色平織布

腳×4　手×4

10cm
(20cm)

15cm

身體×2

16cm
(32cm)

衣服×2

裙子×2

17cm

※裙子縫份為1.5cm

9cm
(18cm)

襯褲
×2

9cm

8cm

圍裙×1

15cm

A

3cm
(6cm)　帽子×2

4cm

5cm
(10cm)

4cm

3cm

7cm

B

8cm

帽子
印花布
×1

8cm

帽子
素色布
×1

8cm

8cm

C

10cm

帽簷
×2

側帽身×1

帽頂
×1

15cm

衣服作法　※A・B・C共通

抽細褶後，
與上衣縫合。

於腋下
剪牙口。

背面

縫合兩肩，裙襬至
兩脇&袖口。

正面

裙襬摺三褶車縫。

內摺袖口縫份，
平針縮縫收緊。

領口圍上蕾絲，
再加上鈕釦或串珠。

圍裙　平針粗縫後，
拉收縫線抽細褶。

背面　0.5cm

將1.5cm的緞帶織帶對摺，
縫在圍裙上。

襯褲

背面

①縫上蕾絲。

②布料正面
相對縫合。

③褲襠剪Y字牙口。

《B》
連身裙／花紋棉布　青色　32cm×17cm
帽子／表布…印花棉布　青色　8cm×8cm
　　　裡布…原色棉質薄布　8cm×8cm
　　　緞帶　0.6cm寬×17cm
耳環／珍珠　2個
衣領／蕾絲　白色　6cm
　　　串珠　青色　1個
壓克力顏料／黑色・白色
繡線／褐色・紅色・深青色
頭髮／Hamanaka Alic馬海毛
　　　25cm×25根×2束

《C》
連身裙／花紋棉布　黑色　32cm×17cm
　　　　花邊織帶　原色　24cm
帽子／素色棉布　原色　10cm×15cm
　　　蕾絲　白色　14cm
頭髮／藤久wister馬海毛　褐色　適量
緞帶／紫色　1.2cm寬×21cm
衣領／蕾絲　白色　6cm
耳環／串珠　黑色　2個
鈕釦／黑色　1個
壓克力顏料／黑色
繡線／褐色・深青色・紅色・紅褐色・黑色

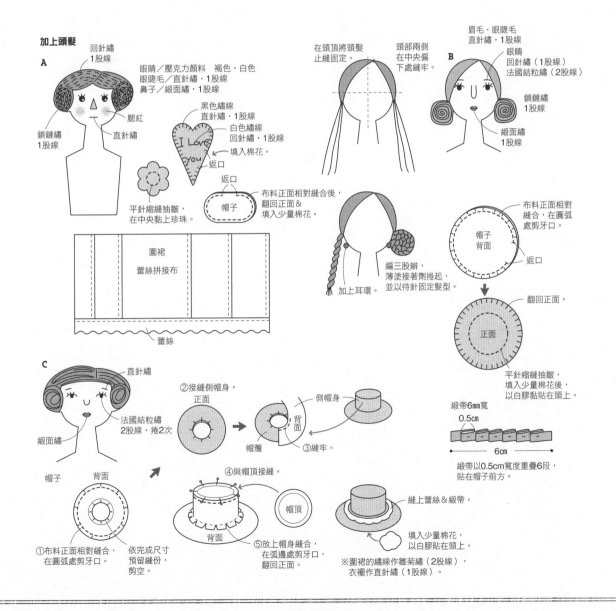

加上頭髮

A
回針繡　1股線
眼睛／壓克力顏料　褐色・白色
眼睫毛／直針繡・1股線
鼻子／緞面繡・1股線
腮紅
鎖鏈繡　1股線
直針繡

黑色繡線　直針繡・1股線
白色繡線　回針繡・1股線
填入棉花。
返口
I Love you

平針縮縫抽皺，在中央黏上珍珠。

圍裙
蕾絲拼接布
蕾絲

B
眉毛・眼睫毛　直針繡・1股線
眼睛　回針繡（1股線）　法國結粒繡（2股線）
鎖鏈繡　1股線
緞面繡　1股線

在頭頂將頭髮止縫固定。
頭部兩側在中央偏下處縫牢。

返口
布料正面相對縫合後，翻回正面＆填入少量棉花。

帽子

編三股辮，薄塗接著劑捲起，並以待針固定髮型。
加上耳環。

布料正面相對縫合，在圓弧處剪牙口。
帽子背面
返口

翻回正面。
正面

平針縮縫抽皺，填入少量棉花後，以白膠黏貼在頭上。

緞帶6mm寬
0.5cm
6cm

緞帶以0.5cm寬度重疊6段，貼在帽子前方。

C
直針繡
法國結粒繡　2股線・捲2次
緞面繡

②接縫側帽身。
正面
側帽身
③縫牢。
帽簷
背面

帽子
背面
①布料正面相對縫合，在圓弧處剪牙口。
依完成尺寸預留縫份，剪空。

④與帽頂接縫。
背面
帽頂
⑤放上帽身縫合，在弧邊處剪牙口，翻回正面。

縫上蕾絲＆緞帶。

填入少量棉花，以白膠貼在頭上。

※圍裙的繡線作雛菊繡（2股線），衣襬作直針繡（1股線）。

-97-

本書使用的刺繡針法

描繪五官的刺繡＆連身裙及圍裙上的刺繡，
皆可使用本頁介紹的刺繡針法。

≫ 直針繡

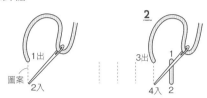

≫ 回針繡

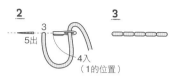

≫ 輪廓繡

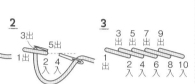

≫ 緞面繡

≫ 飛羽繡

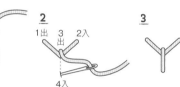

≫ 法國結粒繡

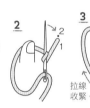

≫ 羊齒繡

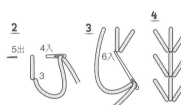

≫ 毛邊繡

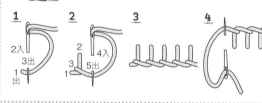

≫ 雛菊繡

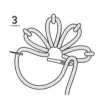

≫ 鎖鏈繡

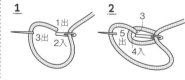

重複2至3

≫ 雙鎖鏈繡

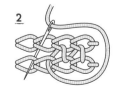

≫ 扭轉鎖鏈繡

重複2至3

作品 01 至 26 的型紙

※請放大200%再使用。
※←→表示布紋方向。

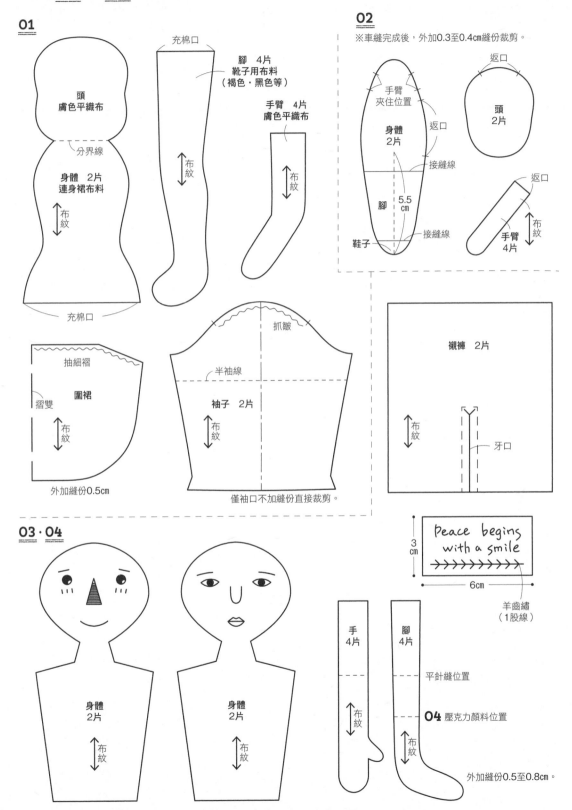

01

頭
膚色平織布

分界線

身體　2片
連身裙布料

布紋

充棉口

充棉口

腳　4片
靴子用布料
（褐色・黑色等）

布紋

手臂　4片
膚色平織布

布紋

抽細褶

圍裙

摺雙

布紋

外加縫份0.5cm

抓皺

半袖線

袖子　2片

布紋

僅袖口不加縫份直接裁剪。

02

※車縫完成後，外加0.3至0.4cm縫份裁剪。

手臂
夾住位置

身體
2片

返口

接縫線

腳

5.5
cm

接縫線

鞋子

返口

頭
2片

返口

布紋

手臂
4片

襯褲　2片

布紋

牙口

Peace begins
with a smile

3
cm

6cm

羊齒繡
（1股線）

03・04

身體
2片

布紋

身體
2片

布紋

手
4片

布紋

腳
4片

布紋

平針縫位置

04 壓克力顏料位置

外加縫份0.5至0.8cm。

·99·

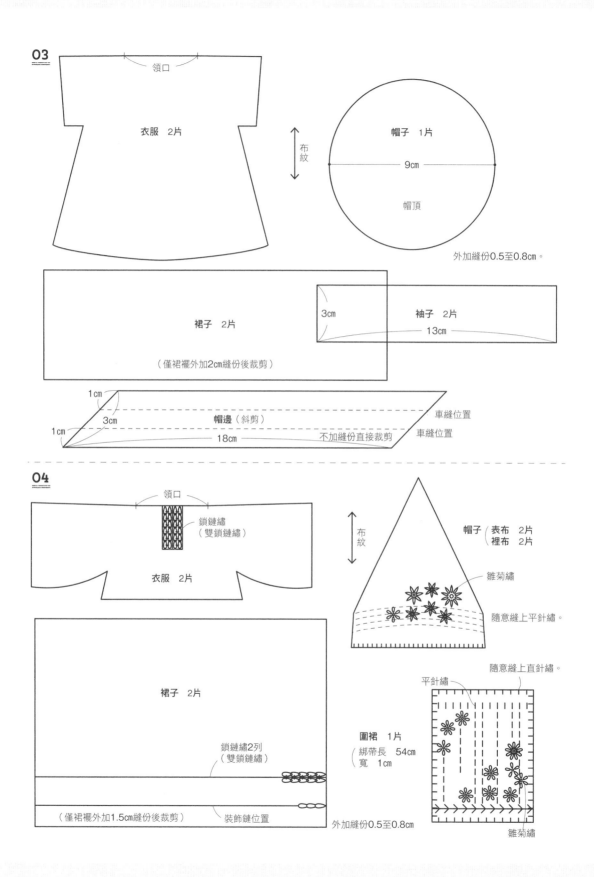

03

領口

衣服 2片

布紋

帽子 1片

9cm

帽頂

外加縫份0.5至0.8cm。

裙子 2片

3cm

袖子 2片

13cm

（僅裙襬外加2cm縫份後裁剪）

1cm

3cm

1cm

帽邊（斜剪）

18cm

不加縫份直接裁剪

車縫位置

車縫位置

04

領口

鎖鏈繡
（雙鎖鏈繡）

衣服 2片

布紋

帽子 ﹛表布 2片
　　　裡布 2片

雛菊繡

隨意縫上平針繡。

隨意縫上直針繡。

平針繡

裙子 2片

鎖鏈繡2列
（雙鎖鏈繡）

（僅裙襬外加1.5cm縫份後裁剪）

裝飾鏈位置

外加縫份0.5至0.8cm

圍裙 1片
﹛綁帶長 54cm
　寬 1cm

雛菊繡

O5

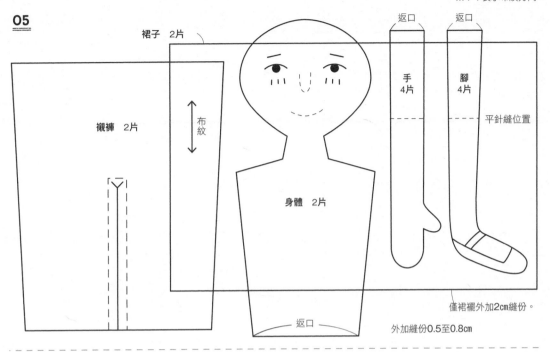

裙子 2片

返口　返口

手 4片　腳 4片

襯褲 2片

布紋

平針縫位置

身體 2片

返口

僅裙襬外加2cm縫份。

外加縫份0.5至0.8cm

O6

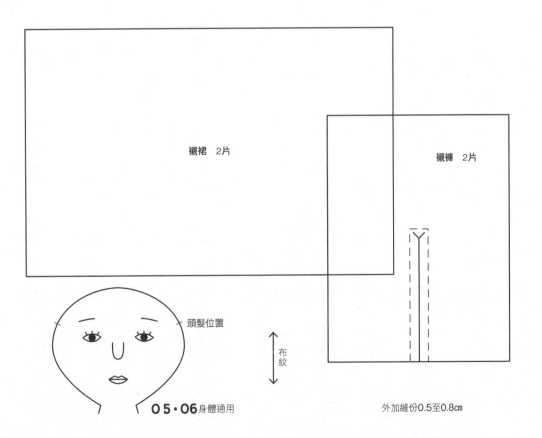

襯裙 2片

襯褲 2片

頭髮位置

布紋

O5・O6身體通用

外加縫份0.5至0.8cm

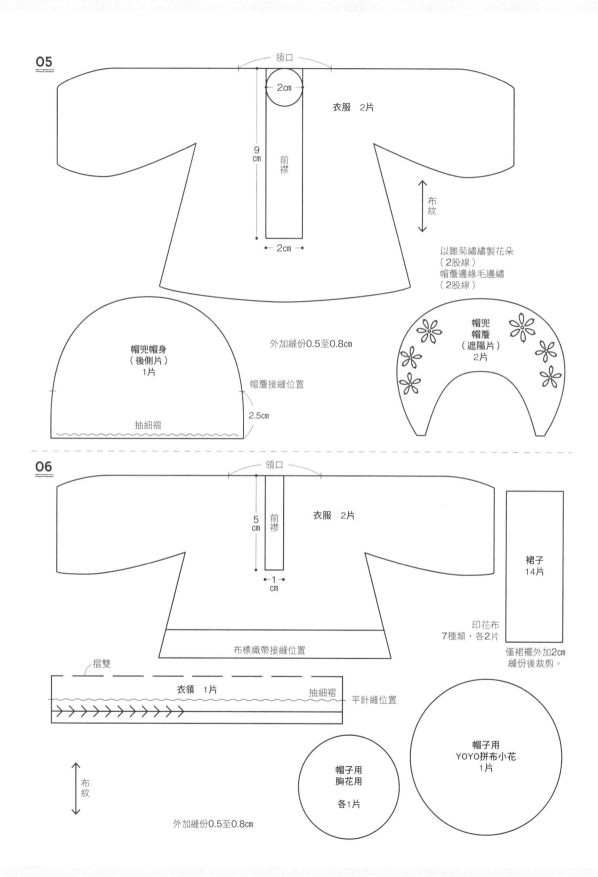

O5

領口

2cm

衣服　2片

9cm

前襟

布紋

2cm

以雛菊繡繡製花朵
（2股線）
帽簷邊緣毛邊繡
（2股線）

帽兜帽身
（後側片）
1片

外加縫份0.5至0.8cm

帽簷接縫位置

2.5cm

抽細褶

帽兜
帽簷
（遮陽片）
2片

O6

領口

5cm

前襟

衣服　2片

裙子
14片

1cm

布標織帶接縫位置

印花布
7種類・各2片

僅裙襬外加2cm
縫份後裁剪。

摺雙

衣領　1片

抽細褶

平針縫位置

布紋

帽子用
胸花用

各1片

帽子用
YOYO拼布小花
1片

外加縫份0.5至0.8cm

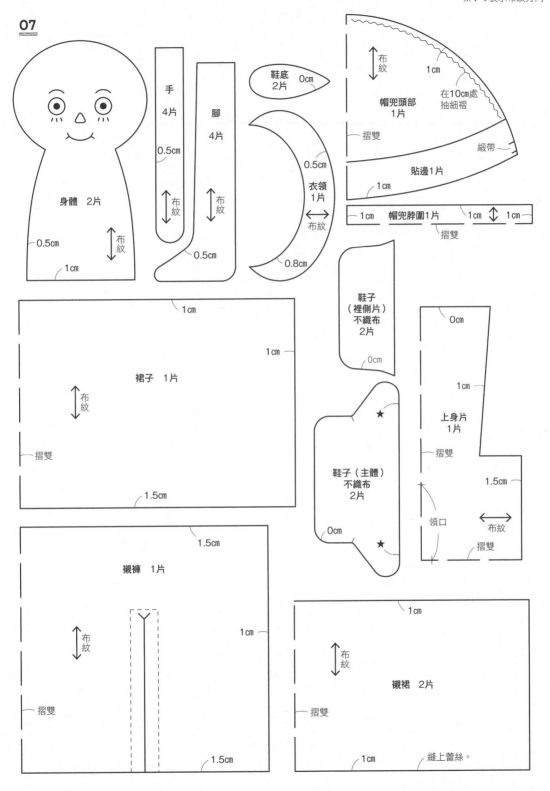

※請放大200%再使用。
※←→表示布紋方向。

07

手 4片
0.5cm
布紋
0.5cm

腳 4片
0.5cm
布紋
0.5cm

鞋底 2片
0cm

衣領 1片
0.5cm
布紋
0.8cm

帽兜頭部 1片
布紋
1cm
在10cm處抽細褶
摺雙
緞帶
貼邊1片
1cm

帽兜脖圍1片
1cm   1cm   1cm
摺雙

身體 2片
0.5cm
布紋
1cm

鞋子（裡側片）不織布 2片
0cm
0cm

鞋子（主體）不織布 2片
★
★
0cm

上身片 1片
0cm
1cm
摺雙
1.5cm
布紋
領口
摺雙

裙子 1片
1cm
1cm
布紋
摺雙
1.5cm

襯褲 1片
1.5cm
布紋
1cm
摺雙
1.5cm

襯裙 2片
1cm
布紋
摺雙
1cm
縫上蕾絲。

· 103 ·

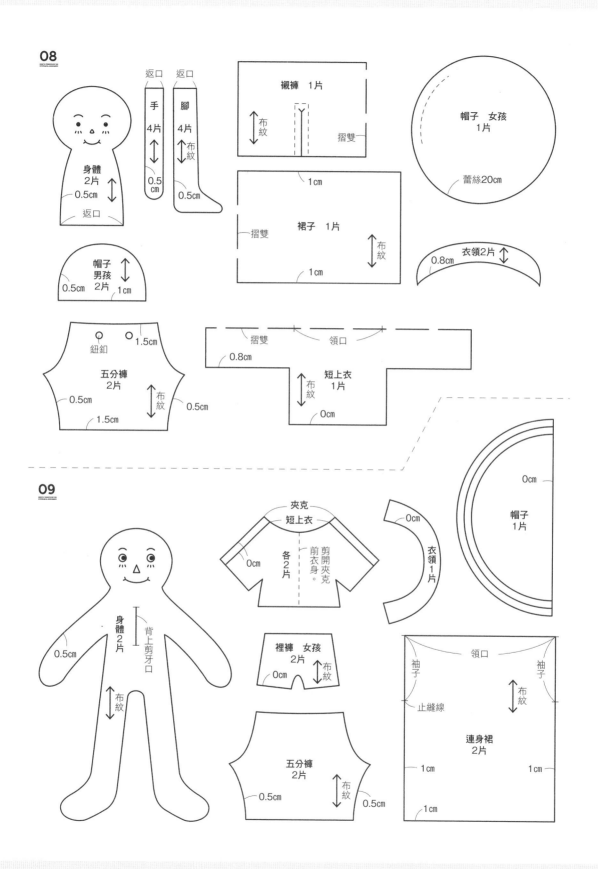

08

返口 返口

手
4片

腳
4片

0.5cm

0.5cm

身體
2片

0.5cm

返口

襯褲　1片

布紋

摺雙

帽子　女孩
1片

蕾絲20cm

裙子　1片

1cm

摺雙

布紋

1cm

衣領2片

0.8cm

帽子
男孩
2片

0.5cm

1cm

五分褲
2片

鈕釦

1.5cm

0.5cm

布紋

0.5cm

1.5cm

摺雙

領口

短上衣
1片

0.8cm

布紋

0cm

09

夾克

短上衣

各2片

剪開夾克
前衣身。

0cm

衣領
1片

0cm

0cm

帽子
1片

0cm

身體
2片

背上剪牙口

0.5cm

布紋

裡褲　女孩
2片

布紋

0cm

連身裙
2片

領口

袖子

袖子

止縫線

布紋

1cm

1cm

1cm

五分褲
2片

0.5cm

布紋

0.5cm

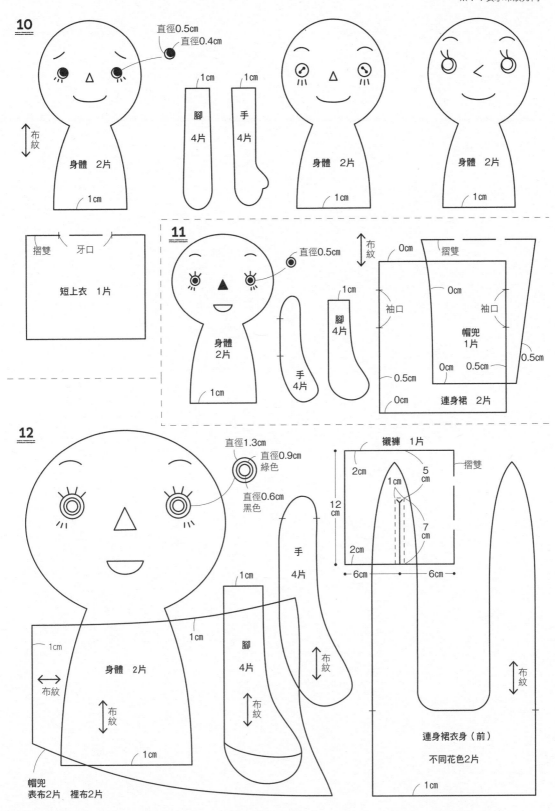

10

直徑0.5cm
直徑0.4cm

1cm　1cm

腳
4片

手
4片

身體　2片

身體　2片

身體　2片

1cm

1cm

1cm

摺雙　牙口

短上衣　1片

11

直徑0.5cm

布紋

身體
2片

1cm

手
4片

腳
4片

0cm　摺雙

0cm

袖口　　袖口

帽兜
1片

0.5cm

0cm　0.5cm

0.5cm

0cm

連身裙　2片

12

直徑1.3cm
直徑0.9cm
綠色
直徑0.6cm
黑色

身體　2片

1cm

手
4片

腳
4片

1cm

布紋

布紋

布紋

帽兜
表布2片　裡布2片

襯褲　1片

2cm

5cm

1cm

12cm

2cm

7cm

6cm　6cm

摺雙

布紋

連身裙衣身（前）

不同花色2片

1cm

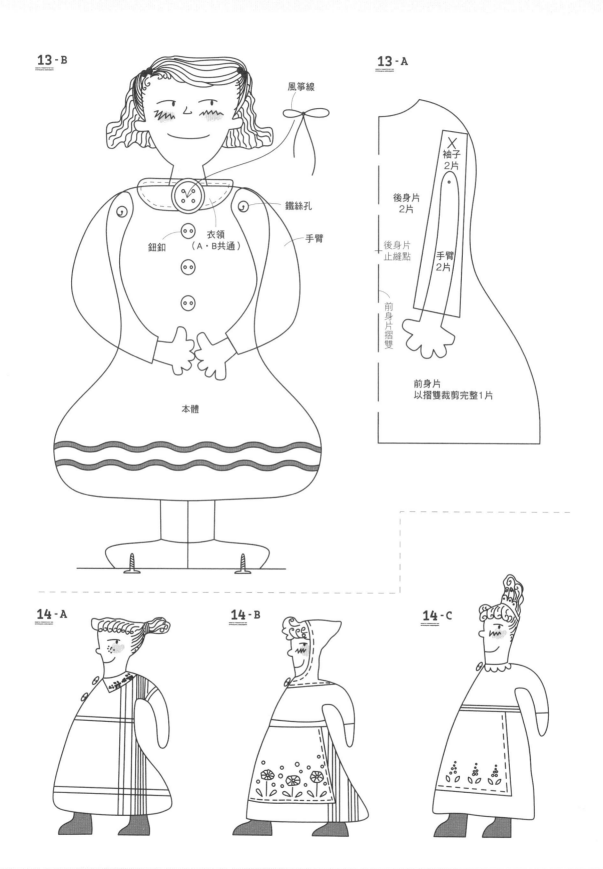

13-B

風箏線

鐵絲孔

手臂

衣領
（A・B共通）

鈕釦

本體

13-A

X
袖子
2片

後身片
2片

手臂
2片

後身片
止縫點

前身片摺雙

前身片
以摺雙裁剪完整1片

14-A

14-B

14-C

※請放大200%再使用。
※←→表示布紋方向。

15-A

15-B

15-C

16-A
頭髮固定位置

花朵
1片

身體
2片

帽子
表布　2片
裡布　2片

返口
衣服
1片

蕾絲
位置

摺雙

16-B

身體
2片

花朵
2片

不外加縫份
直接裁剪

貝蕾帽　1片

16-C
頭髮固定位置

身體
2片

返口

返口

衣服　2片

衣服　1片

摺雙

· 107 ·

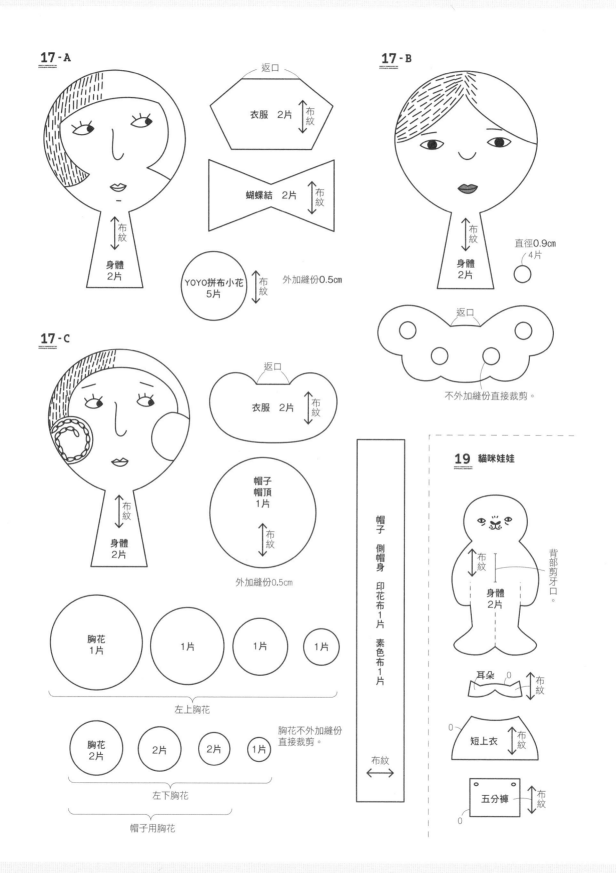

17 - A

衣服 2片 布紋

返口

蝴蝶結 2片 布紋

身體 2片 布紋

YOYO拼布小花 5片 布紋

外加縫份0.5cm

17 - B

身體 2片 布紋

直徑0.9cm 4片

返口

不外加縫份直接裁剪。

17 - C

返口

衣服 2片 布紋

帽子 帽頂 1片 布紋

身體 2片 布紋

外加縫份0.5cm

胸花 1片

1片

1片

1片

左上胸花

胸花 2片

2片

2片

1片

左下胸花

帽子用胸花

胸花不外加縫份 直接裁剪。

帽子 側帽身 印花布1片 素色布1片

布紋

19 貓咪娃娃

身體 2片 布紋

背部剪牙口。

耳朵 0 布紋

0 短上衣 布紋

五分褲 布紋 0

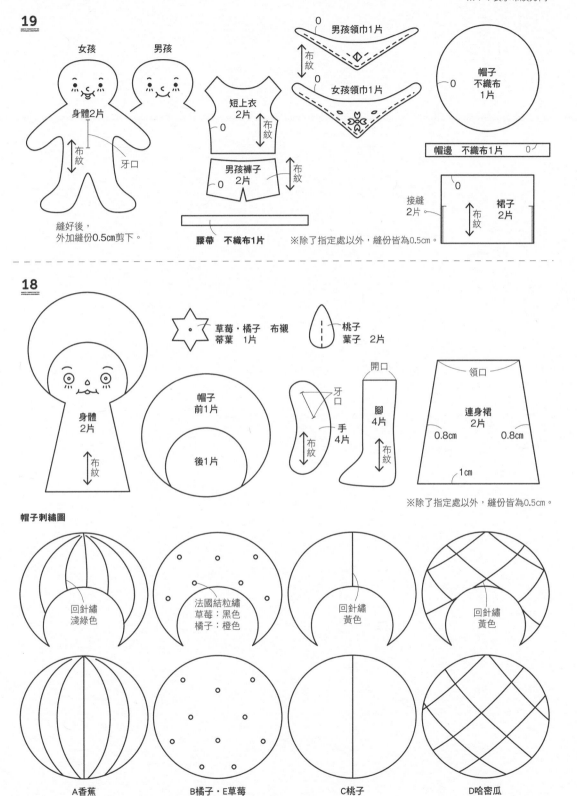

19

女孩　男孩

身體2片

布紋

牙口

縫好後，
外加縫份0.5cm剪下。

短上衣
2片

0

布紋

男孩褲子
2片

0

布紋

腰帶　不織布1片

男孩領巾1片

0

布紋

女孩領巾1片

0

帽子
不織布
1片

0

帽邊　不織布1片　　0

接縫
2片

0

裙子
2片

布紋

※除了指定處以外，縫份皆為0.5cm。

18

草莓・橘子　布襯
蒂葉　1片

桃子
葉子　2片

身體
2片

布紋

帽子
前1片

後1片

牙口

布紋

手
4片

開口

腳
4片

布紋

領口

連身裙
2片

0.8cm　　0.8cm

1cm

※除了指定處以外，縫份皆為0.5cm。

帽子刺繡圖

回針繡
淺綠色

法國結粒繡
草莓：黑色
橘子：橙色

回針繡
黃色

回針繡
黃色

A香蕉

B橘子・E草莓

C桃子

D哈密瓜

20

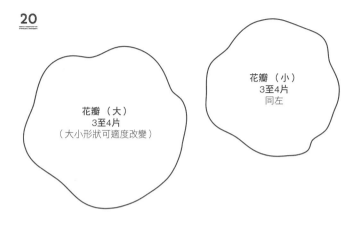

花瓣（大）
3至4片
（大小形狀可適度改變）

花瓣（小）
3至4片
同左

22-B·C

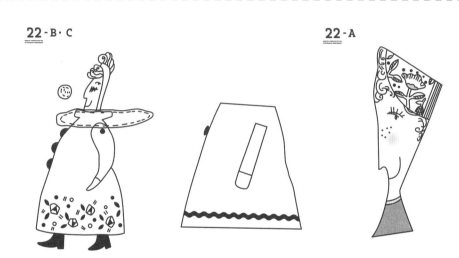

22-A

23

※請放大200%再使用。
※←→表示布紋方向。

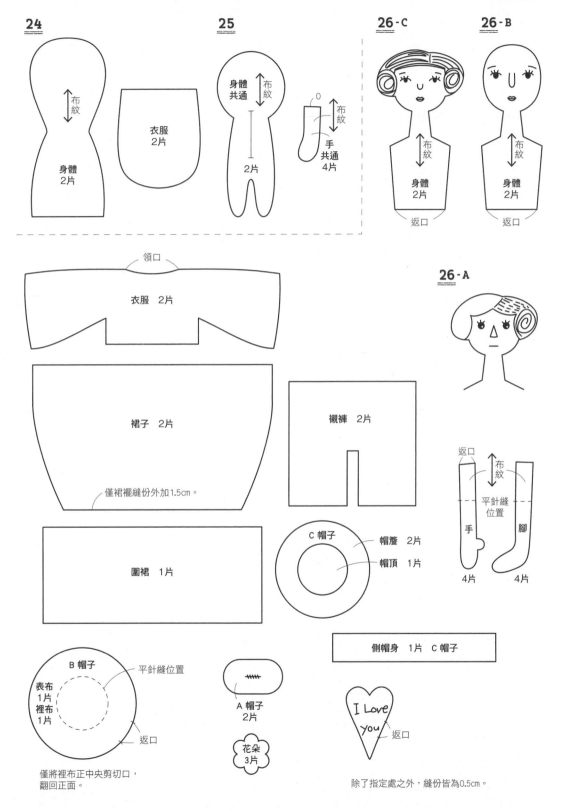

24

布紋
衣服
2片
身體
2片

25

身體
共通
布紋
2片
手
共通
4片
0

26-C

布紋
身體
2片
返口

26-B

布紋
身體
2片
返口

領口
衣服　2片

26-A

裙子　2片

襯褲　2片

僅裙襬縫份外加1.5cm。

返口
布紋
平針縫位置
手
腳
4片　4片

圍裙　1片

C 帽子
帽簷　2片
帽頂　1片

側帽身　1片　C 帽子

B 帽子
平針縫位置
表布
1片
裡布
1片
返口

A 帽子
2片

花朵
3片

I Love you
返口

僅將裡布正中央剪切口，
翻回正面。

除了指定處之外，縫份皆為0.5cm。

· 111 ·

趣·手藝 **100**

超可愛娃娃布偶＆木頭偶

5人作家愛藏精選！
美式鄉村風×漫畫繪本人物×童話幻想

作　　者／今井のりこ・鈴木治子・斉藤千里・田畑聖子・坪井いづよ
譯　　者／黃鏡蒨
發 行 人／詹慶和
總 編 輯／蔡麗玲
執行編輯／陳姿伶
編　　輯／蔡毓玲・劉蕙寧・黃璟安・陳昕儀
執行美編／韓欣恬
美術編輯／陳麗娜・周盈汝
出 版 者／Elegant-Boutique新手作
發 行 者／悦智文化事業有限公司　郵政劃撥帳號／19452608
戶　　名／悦智文化事業有限公司
地　　址／220新北市板橋區板新路206號3樓
電　　話／(02)8952-4078　傳真／(02)8952-4084
網　　址／www.elegantbooks.com.tw
電子郵件／elegant.books@msa.hinet.net

2019年10月初版一刷　定價380元

TSUKUTTE, KAZATTE, MINITSUKETE! YUMEMIRU MINI DOLL &
BROOK

TSUKUTTE, KAZATTE, MINITSUKETE! YUMEMIRU MINI DOLL &
BROOCH

by Noriko Imai, Haruko Suzuki, Chisato Saito, Seiko Tabata, Izuyo
Tsuboi
Copyright © Noriko Imai, Haruko Suzuki, Chisato Saito, Seiko Tabata,
Izuyo Tsuboi 2017
All rights reserved.
Original Japanese edition published by Nitto Shoin Honsha CO., LTD.
Traditional Chinese translation copyright © 2019 by Elegant Books
Cultural Enterprise Co., Ltd.
This Traditional Chinese edition published by arrangement with
Nitto Shoin Honsha CO., LTD., Tokyo, through HonnoKizuna, Inc.,
Tokyo, and KEIO CULTURAL ENTERPRISE CO., LTD.

經銷／易可數位行銷股份有限公司
地址／新北市新店區寶橋路235巷6弄3號5樓
電話／(02)8911-0825　傳真／(02)8911-0801

國家圖書館出版品預行編目(CIP)資料

超可愛娃娃布偶＆木頭偶 5人作家愛藏精選！
美式鄉村風×漫畫繪本人物×童話幻想／今井
のりこ等合著；黃鏡蒨譯.
-- 初版. -- 新北市：新手作出版：悦智文化發行，
2019.10
　面；　公分. -- (趣.手藝；100)
ISBN 978-957-9623-44-5(平裝)

1.玩具 2.手工藝

426.78　　　　　　　　　　　　　108014527

Staff
●日本原書製作團隊
攝影／白井由里香
造型／西森 萌
書本設計／前原香織
修訂／松尾容巳子
企劃・編輯（P.1至P.49）／秋間三枝子
編輯（P.50至P.112）／大野雅代（クリエイトONO）
校對／校正舍楷の木
執行／鏑木香緒里

●材料協力
彩繪材料／株式会社　アシーナ
http://www.athena-inc.co.jp
（購買商品請至）マーベリッククラブ
http://www.maverick-club.com